DevOps 实施策略：原则、流程、工具和趋势

DevOps Adoption Strategies：
Principles，Processes，Tools and Trends

［美］Martyn Coupland　编著
雷依冰　张晨曦　译

北京航空航天大学出版社

图书在版编目(CIP)数据

DevOps实施策略:原则、流程、工具和趋势 /(美)马丁·库普兰(Martyn Coupland)编著 ;雷依冰,张晨曦译. -- 北京 :北京航空航天大学出版社,2022.9

书名原文:DevOps Adoption Strategies

ISBN 978-7-5124-3879-8

Ⅰ.①D… Ⅱ.①马… ②雷… ③张 Ⅲ.①软件工程 Ⅳ.①TP311.5

中国版本图书馆CIP数据核字(2022)第162756号

版权声明

北京市版权局著作权合同登记号 图字01-2022-2006号

DevOps实施策略:原则、流程、工具和趋势

DevOps Adoption Strategies:

Principles, Processes, Tools and Trends

[美] Martyn Coupland 编著

雷依冰 张晨曦 译

策划编辑 董宜斌 责任编辑 杨晓方

*

北京航空航天大学出版社出版发行

北京市海淀区学院路37号(邮编100191) http://www.buaapress.com.cn

发行部电话:(010)82317024 传真:(010)82328026

读者信箱:copyrights@buaacm.com.cn 邮购电话:(010)82316936

涿州市新华印刷有限公司印装 各地书店经销

*

开本:710×1 000 1/16 印张:14.75 字数:204千字

2022年9月第1版 2022年9月第1次印刷

ISBN 978-7-5124-3879-8 定价:69.00元

若本书有倒页、脱页、缺页等印装质量问题,请与本社发行部联系调换。联系电话:(010)82317024

前　言

每个公司或组织都希望采用 DevOps，作为一名 IT 专业人员，了解 DevOps 的基本原理以及它如何为组织的的成功做出贡献非常重要。本书全面介绍了实现 DevOps 的文化、人员和流程方面所需的步骤。

这本书是写给谁的

本书面向 IT 专业人士，如希望学习 DevOps 的网络工程师、系统工程师和开发人员，以及正在经历 DevOps 转型的人员，阅读本书会使他们对 IT 和业务流程的一般知识有所认识。如果你在 IT 中担任业务或服务角色，如服务交付管理，那本书也将对你有用。

这本书涵盖的内容

第 1 章为介绍 DevOps 和 Agile，讲解 DevOps 和 Agile 的概念，解释了 DevOps 的目标以及 Agile 如何在 DevOps 中发挥作用。

第 2 章为 DevOps 的业务优势、团队拓扑和陷阱，展示了 DevOps 的优势，并介绍了用于 DevOps 的团队拓扑。

第 3 章为衡量 DevOps 的成功，展示了如何使用指标来衡量 DevOps 的成功，并且如何在正确的场景使用合适的指标进行度量。

第 4 章为构建 DevOps 文化，并打破壁垒，更详细地研究了 DevOps 文化，并探讨了如何构建成功的文化和打破组织壁垒。

第 5 章为避免 DevOps 中的文化冲突反模式，涵盖了构建 DevOps 文化的挑战。

第 6 章为利用价值流图推动流程变革，探讨价值流图是什么，以及如何在组织中使用。

第 7 章为在组织中实现流程更改，介绍如何在组织中更改管理和交付流程以获得成功。

第 8 章为流程的持续改进，介绍了持续反馈技术，以及如何更改迭代流程。

第 9 章为了解 DevOps 的技术堆栈，查看 DevOps 工具链的优缺点。

第 10 章为制定实施工具的策略，展示如何制定有效的战略来实施工具，并满足组织的培训需求。

第 11 章为紧跟 DevOps 的主要趋势，探索最新的 XOps 趋势，及其与 DevOps 的关系。

第 12 章为在现实世界的组织中实现 DevOps，将我们所学的所有知识汇集在一起，以了解 DevOps 在真实世界中的实现。

目　　录

第一部分　DevOps 和 Agile 的原则

第二部分　开发和构建成功的DevOps文化

第四部分 实施和部署DevOps 工具

第一部分

DevOps 和 Agile 的原则

在本节中，我们将对 DevOps 涉及的基础知识有一个实际的了解，包括采用 DevOps 的优点、缺点和工具，这一部分主要包含以下几章。

第 1 章 DevOps 和 Agile 概述。

第 2 章 DevOps 的业务优势、团队拓扑和陷阱。

第 3 章衡量 DevOps 的成功。

第 1 章　DevOps 和 Agile 概述

本章中将介绍 DevOps 和 Agile，并将探讨几个问题，包括“DevOps 打算实现什么?”“Agile 是如何在 DevOps 中发挥作用的?”。本章还将探讨 DevOps 成功转型的价值以及 DevOps 为组织机构解决的挑战。我们还将学习构建 DevOps 的四个阶段。

在本章中，我们将介绍以下主题：

- 探索 DevOps 的目标；
- 与 DevOps 相关的值；
- DevOps 解决的挑战；
- DevOps 的成熟期；
- Agile 如何在 DevOps 中发挥作用。

1.1　探索 DevOps 的目标

DevOps 的主题往往会促使人们对它的含义以及对如何在组织中实施 DevOps 发表许多不同的意见。DevOps 的目标以及它在组织中帮助我们实现的目标，每个人都有不同的答案，这取决于每个人的经验、他们从事的行业以及这些组织在采用 DevOps 方面的成功程度。

对于许多组织，我们可以定义 DevOps 具有以下共同目标，这些目标适用于大多数组织。

- 提高部署频率；
- 更快的上市时间；

- 更低的故障率；
- 更短的交货时间；
- 缩短恢复时间。

当然，组织可能受到不同原因的驱动而有不同的目标，即使对于相似的组织，我也希望它们的目标略有不同。毕竟大多数组织都面临相同的挑战，但如何应对这些挑战，以及哪些挑战将带来最大的价值收益也将因组织的不同而异。

1. 提高部署频率

提高在组织中发布或部署软件的频率通常是采用DevOps的关键驱动因素。我们必须开始改变组织内进行协作和沟通的方式，以便为最终用户提供价值。

当开发人员和操作团队开始关注相同的目标时，他们就可以开始更有效地合作，并提供更高的价值。

2. 更快的上市时间

大多数组织将与其他组织在它们可提供的服务方面开展竞争。更快的上市时间会使其比竞争对手更具有优势。借助DevOps，组织可以通过减少从构思到产品发布所需的时间来增加价值。

作为一家企业，如果产品发布功能所需的时间越长，其竞争对手就可以越快地超越它，它的价值也就会下降。因此，加快上市时间不仅是DevOps的关键目标，也是组织开展业务的关键目标。

3. 降低故障率

每个组织都会有失败的可能，但是通过DevOps，随着时间的推移，组织可以期望通过团队之间的协作和更好的沟通来实现更低的失败率。

提示：DevOps中的跨职能表示来自不同领域的人员在一个团队中一起工作。

DevOps 使团队能够更紧密地工作和更有效地沟通。成熟的组织使得跨职能团队成为可能。这些团队和团队中个人之间的知识共享,以及对彼此角色更深入地理解会降低失败率。

4. 缩短交付周期

交付周期是启动和完成特定任务之间的时间量。在 DevOps 中,这将是从开始编写用户需求到发布该需求之间的时间量。

这与更快的上市时间密切相关,更短的交货时间不仅与产品有关,还与整个周期中的其他因素有关,这可以是从更有效地捕获需求到比以前更快地构建基础设施之间的任何内容。

通过灵活的流程、有效的沟通和协作,以及高水平的自动化,整个交付周期将更短,从而在团队中实现高绩效。

5. 缩短恢复时间

我们都知道,大多数组织都有服务级别协议(Service - Level Agreements, SLAs)来衡量基于服务的关键指标(如可用性)的性能。但是,就平均而言,有多少组织可以说出恢复一项服务需要多长时间,这个数目并不多。

拥有能够发现失败背后的原因、理解失败,并实施防止失败再次发生的协作水平是一个成熟组织的标志。衡量这些指标,并采取措施减少这些指标的组织是一个更加成熟的组织。

停机会导致收入损失和公司声誉受损,因此减少停机时间非常重要。

在本节中,我们探讨了 DevOps 的主要目标以及采用 DevOps 背后的商业价值。接下来,我们将进一步研究使 DevOps 成功的价值观。

1.2 与 DevOps 相关的价值

当涉及转型时,DevOps 可以分成不同的支柱。也就是说,如果我们想从高可视化角度来看待DevOps,而不是从更深的层次来看待DevOps,那么我们可以从以下四个特定的方面来讨论DevOps。

- 文化;
- 人;
- 流程;
- 技术。

虽然目标可能是工具首先开发的事情,但遵循此处列出的顺序将确保组织从DevOps转型中获得更多价值。

提示:文化是DevOps成功转型的最重要方面之一,甚至高于技术的使用。

首先是文化,文化在DevOps中的重要性怎么强调都不为过,在组织中建立正确的文化可使其能够朝着正确的方向前进,并在以后的转型中获得更多的价值。但是,我们也不应该低估改变一个组织文化的挑战,它需要动力和管理层的支持才能成功。

其次是人,人是任何企业和任何产品的生命线。组织必须确保其拥有合适的人员来获得正确的文化,实现组织制定的目标,并且这些人员必须具备实现这一目标的合适技能。对于DevOps来说,管理层的支持非常重要,但是,拥有合适的人员来执行它也同样重要。

现在,我们有了流程。思维正确的人将是那些能够与组织合作并推动其流程朝着正确方向发展的人,他们将应用适当的技术来确保组织的流程适合DevOps的目的。如果要协同工作,组织需要采用一些流程来实现持续协作,例如计划、开发、发布和监测。最后,组织需要能够根据其需要重复这些过程以获得最大价值。

最后是技术。至此,我们在DevOps转换中所做的工作应该为组织带来了难以置信的价值,但是通过引入技术,我们可以增加更多的价值。通过自动化工具,组织的流程现在可以按需更频繁地运行,更重要的是其具有幂等性，这意味着具有相同输入参数的结果不应随时间而改变。这就是自动化带给人类执行力的价值。

在本节中，我们已经了解了使 DevOps 成功的相关价值，并且我们了解了实施 DevOps 的意义。下面我们将了解 DevOps 在组织中解决的挑战。

1.3 DevOps 解决的挑战

DevOps 确实解决了组织中的许多挑战。但需要注意的是，这些挑战中的许多已经存在了相当长的一段时间，在人们的操作方式中已经根深蒂固，要想实现我们想要实现的目标，还需要一些时间才能解开不同级别的挑战。

在采用 DevOps 之前，小组被安排在职能团队中，并向部门经理报告，其远离更广泛的业务，并且通常相互独立。如果满足了部署的所有条件，则小组所编写的代码将转移到操作团队以部署应用程序。所有这些小组与其他小组一道，单独工作，这会导致活动重复和令人并不满意的结果。

DevOps 面临的挑战通常可以用以下三种说法来解释：

- 开发者没有意识到质量保证和运营障碍；
- 质量保证和运营团队通常不知道产品的业务目的和价值；
- 当团队单独工作时，每个团队都有自己的目标，并且通常与其他团队的目标冲突，这会导致效率低下。

我们可以以开发和操作团队为前面列表中的第三点提供最佳示例。开发人员的首要任务是快速发布产品新功能，而运营团队的首要任务是保持应用程序可用性和高性能。这两个目标是相互冲突的，这会导致这些团队之间的合作效率低下。

这些挑战可以在 DevOps 中通过使团队跨职能、相互协作，以及与其他团队就工作和最终结果进行沟通来解决。总体而言，这种方法提高了反馈的质量，并解决了现有自动化所带来的问题。

在DevOps中，大多数流程是连续的。在反馈周期的帮助下，组织可以在已有的基础上进行改进，从而使组织能够不断地成熟和发展其独有的流程，并且可以从以前的经验中学习，成为一个更加成熟的团队。

提示：解决DevOps的挑战是一项耗时的任务，我们不应该指望几天或几周的努力就能立竿见影。要实现组织设定的目标需要好几个月的时间。

现在我们已经了解了与DevOps相关的挑战，是时候看看DevOps的成熟期，并看看一个组织将如何在这些阶段的基础上取得进展。

1.4 DevOps成熟期

组织应该寻求成熟，他们处理和采用不同的DevOps最佳实践越多，就可以被称为成熟期，DevOps中的成熟期分为四个阶段。

- 瀑布式项目管理；
- 持续整合；
- 持续交付；
- 持续部署。

在整个DevOps转换周期中，组织应该从瀑布式部署向连续部署过渡，并分析经历的每个阶段。值得注意的是，瀑布并不总是起点，因为有些组织在这些阶段会开始得较晚。

在转型过程中，我们会发现某些团队比其他一些团队更快地成熟。这有很多因素，包括团队所做的工作类型、他们必须遵循的流程，以及在一定程度上他们已经具备的自动化和工具化水平。

1.4.1 瀑布式项目管理

如果我们在过去参加过项目，那么瀑布一词对我们来说是很常见的。

瀑布是一种项目交付机制，其中任务是按顺序完成以实现特定目标，它也可以用来解释软件开发的方法。如果开发团队编写的代码已经使用了很长时间，那么这些团队就会合并他们的代码以发布最新版本。在这种情况下，代码库进行了大量更改，因为代码看起来与以前的版本非常不同，所以集成新版本可能需要几个月的时间。

瀑布式项目管理已经在项目管理领域存在了很长一段时间，即使 Agile 越来越流行，目前许多项目还是在成功地使用瀑布式项目管理方法。

使用瀑布式项目管理作为交付方法的优点如下所列：

- 模型简单易用，易于理解；
- 刚性使其易于管理，每个阶段都有特定的可交付成果；
- 在较小的项目中，它能更好地理解要求，所以它的运行会很好；
- 明确规定了交付阶段；
- 里程碑被充分理解；
- 利用资源安排任务很简单；
- 过程及其结果有良好的文件记录。

话虽如此，瀑布式项目管理也有缺点，就像所有流程模型一样，其缺点如下所列：

- 没有时间进行修改或反思；
- 高风险和不确定性；
- 对于复杂和面向对象的项目来说，这不是一个好的模型；
- 对长期项目不友好；
- 直到项目后期才产生所有需求软件；
- 在阶段内衡量成功是困难的；
- 集成在最后以大爆炸的形式完成，使得识别瓶颈变得困难。

Agile 解决了其中一些挑战，并且如果与 DevOps 一起应用，我们可以解决这里所列的所有缺点。

1.4.2 持续集成

持续集成(Continous Interation, CI)是将新开发的代码与要发布的其余应用程序代码快速集成的做法,这节省了应用程序准备发布的时间。此过程通常是自动化的,并在过程结束时生成工件。

CI过程包含许多步骤,这些步骤对于实现有意义且高效的管理至关重要。自动化测试是实现CI的第一步,有四种主要类型的测试可以作为CI的一部分进行自动化,这些测试如下所列。

- **单元测试**:范围狭窄的测试。它们通常关注代码的特定部分,例如函数的方法,并用于测试给定参数集的行为。
- **集成测试**:确保不同组件协同工作。这可能涉及应用程序的多个部分以及其他服务。
- **验收试验**:在许多方面,这与集成测试类似。最大的区别在于验收测试集中在业务案例测试上。
- **用户界面测试**:从用户角度关注应用程序执行情况的测试。

尽早且经常地进行集成测试,这样可以减少更改的范围,从而在冲突发生时更使组织容易识别和理解冲突。这种方法的另一大优点是知识的共享更容易,因为这种更改比大量代码更改更容易理解。另一个注意事项是,如果主分支因代码中的提交而中断,那么首要任务就是修复它。当构建的结构被破坏时,对其进行的更改越多,就越难理解是什么因素破坏了它。

我们实现的每一项新工作都应该有自己的一组测试。养成编写精细测试的习惯并以一定程度的代码覆盖率为目标是很重要的,因为这样可以让我们充分了解正在测试应用程序的功能。

当团队频繁地进行更改时,CI的价值就会体现。重要的是确保团队每天集成这些更改,经常进行集成是确保我们能够轻松识别哪些内容被破坏的关键。

1.4.3 持续交付

持续交付(Continous Delivery,CD)是一种团队可以频繁、高质量地发布产品的方法,并且可以从使用源代码库到使用自动化的生产环境都具有一定的可预测性。CD 以 CI 中完成的工作为基础获取构建工件,然后将该构件交付到生产环境。

实际上,CD 是与 Agile 相关的最佳实践的集合,它将重点放在开发高度简化和自动化的软件发布流程上,该过程的核心是一个交互式反馈循环。

这种反馈循环有时被称为持续反馈,其中心思想是尽快向最终用户交付软件,从经验中学习,以及接受反馈并将其纳入下一版本中。

CD 是一个独立过程,但是其与 CI 相互链接,在成熟的组织中,会一起与它们使用。这意味着,除了 CI 中为达到自动化测试级别所做的工作之外,可以在构建阶段之后自动部署所有这些更改。

通过 CD,可以决定最适合组织的日程安排,无论是每天、每周还是每月,无论我们的要求是什么。如果组织想获得 CD 的真正好处,那么请尽快部署到生产环境中,以确保其在发布小批量产品时就解决出现的问题。

1.4.4 持续部署

持续部署(Continous deployment)是连续交付之外的一个步骤。生产线所有阶段的每一项变更都会发布给客户,没有人为干预。在这个阶段,失败的测试将阻止新版本投入生产。

由于没有发布日,持续部署是加速反馈循环和减轻压力的一个好方法。开发人员可以专注于构建高质量的软件,同时在完成工作几分钟后就可以看到他们的成果投入使用。持续集成是持续交付和持续部署的一部分。持续部署与持续交付非常相似。不同之处在于持续部署的交付会自动进行，如图1.1所示。

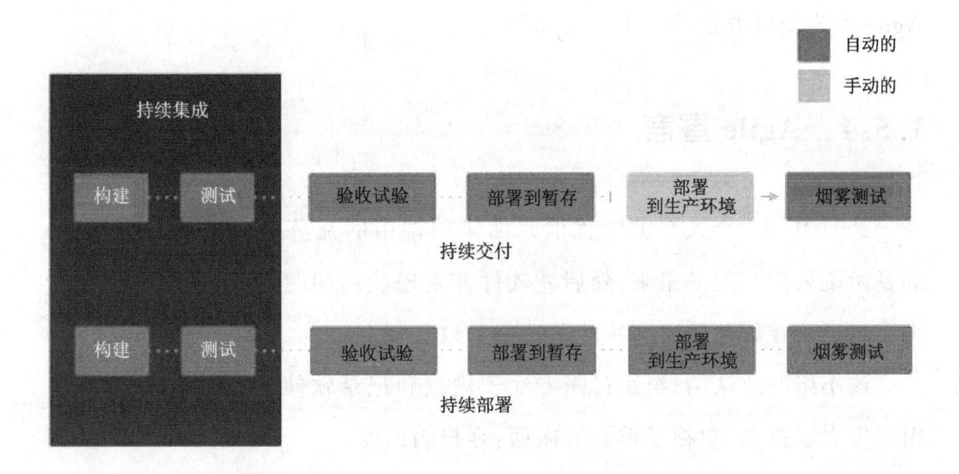

图1.1 持续集成、交付和部署之间的差异

在本节中，我们已经了解了DevOps的主要成熟阶段。有了这些信息，我们现在可以看看Agile在DevOps中是如何发挥作用的。

1.5 Agile如何在DevOps中发挥作用

混淆Agile和DevOps这两个概述是很常见的，因为两者经常一起使用，并且可以互换使用，但它们是完全不同的概念。DevOps是将开发和运营团队聚集在一起的实践，而Agile是一种迭代方法，侧重于协作、反馈和小型快速发布。

虽然两者都是排他的，但是通过前面的对比，可以发现DevOps的目标和值也是Agile的目标和值，Agile是DevOps的关键部分。虽然Agile关注不断的变化，使开发人员和开发周期更加高效，但DevOps引入了运营团队来实现持续集成和持续交付。

作为一个项目交付框架，Agile 有助于解决瀑布式项目管理的一些缺点。由于持续集成、持续部署和持续交付的实践，使用瀑布式项目管理实现 DevOps 是非常困难的。这就是为什么在实践 DevOps 的组织中，团队使用 Agile 作为交付方法的一个主要原因。

1.5.1 Agile 宣言

2001 年，17 个人在美国犹他州斯诺伯德市的瓦萨奇山相聚，他们的目的是讨论软件开发的未来，随后就软件开发现状的问题达成了一致，但是这个小组无法在如何解决这些问题达成一致。

该小组一致认为，组织过于专注于规划和记录软件开发周期，这意味着组织失去了重点，忽视了重要的东西：客户满意度。

大多数组织都讨论诸如卓越和诚信等企业价值观，但这些价值观并没有促进人们形成更好的工作方式，尤其是软件开发人员，这是需要改变的事情。众所周知，这 17 人中的几个成员已经有了关于如何革新软件开发和开始一个新时代的想法，这次聚会是该团队定义这个新时代的机会。

这次聚会的成果就是 Agile 宣言。这个简短并且非常优秀的文档永远改变了软件开发的格局。宣言中定义的 12 条原则无疑导致了软件开发中最大的变化。在随后的二十年中，这 12 项原则已被世界各地的个人、团队和组织所接受。

Agile 环境中充斥着各种想法，这些想法似乎将 Agile 转化为现实世界的场景。不过，这并不是什么新鲜事；事实上，该宣言是基于 Scrum、Crystal Clear、极限编程和其他框架之间的一些共同点而诞生的。

Agile 宣言定义了以下一组价值观：

- 个人和互动胜过流程和工具；
- 工作软件优于综合软件；

- 客户协作胜过合同谈判；
- 响应变化胜过遵循计划。

我们可以在 AgileManifesto 网站上查看这个完整宣言。这次会议的另一个成果是 12 项原则，这 12 项原则如下所列：

- 首要任务是通过早期和持续交付有价值的软件来满足客户；
- 欢迎不断变化的需求，即使是在开发后期，Agile 流程利用变化实现在客户那里的竞争优势；
- 频繁交付从几周到几个月不等的工作软件时，优先选择较短的时间范围；
- 在整个项目期间，业务人员和开发人员必须每天一起工作；
- 围绕受激励的个人开展项目，为他们提供所需的环境和支持，并信任他们可以完成工作；
- 向开发团队和在开发团队内部传递信息的最有效方法是面对面交谈；
- 工作软件是衡量进度的主要标准；
- Agile 流程促进可持续开发，以使赞助商、开发人员和用户能够无限期地保持恒定的步伐；
- 持续关注卓越的技术和良好的设计可增强敏捷性；
- 简单性至关重要；
- 最佳架构、需求和设计来自组织团队；
- 团队应该定期思考如何提高效率，然后相应地调整其行为。

即使在阅读本书之前很少接触 Agile 和 DevOps，但在这 12 条原则中，我希望你能看到我们迄今为止探索的内容与 Agile 宣言原则之间的联系。

1.5.2 Agile 能够和 DevOps 一起工作吗

Agile 和 DevOps 听起来像是非常不同的概念。事实上，在转型初期，我交谈过的大多数人都对两者的概念感到非常困惑。因为两者都有自己的述语和定义，这也使困惑变得更加复杂。人们通常会对 DevOps 过多的定义感到沮丧。

大多数人认为，当说 Agile 时，指的是 Scrum；当说 DevOps 时，指的是持续交付。这种简化会在 Agile 和 DevOps 之间产生差异，以至于我们没有意识到 Agile 和 DevOps 是朋友，是可以互补的。

早在 2008 年的 Agile 会议上，Patrick Debois 和 Andrew Clay Schafer 就召开了一次关于敏捷基础设施的会议，其与 DevOps 的联系由此诞生。Patrick 后来创造了 DevOps 这个词，而且 Agile 会议一直延续到今天。

不过，这不仅仅是历史。现在，让我们看一下 Agile 和 DevOps 之间的实际联系，这会看得比 Scrum 和持续交付更深。

当业务的限制或工作本身需要其他东西时，一个熟练的团队将使用 Scrum 的基本标准审查他们的实践，并调整它们以使其更可行。当 Scrum 应用于推进编程项目之外的工作时尤其重要。

1.5.3 处理计划外的工作

在 DevOps 人员小组中，有 Agile 经验的人会认识到 Scrum 有助于完成安排好的工作。可以安排任务中的一些工作，如交付主要框架更改、在服务器之间移动或执行框架大修。在任何情况下，任务的很大一部分是自发的，如执行高峰、框架中断和安全性交易，这些场合需要快速反应。因此，许多已经掌握 DevOps 思想的团队都会从 Scrum 转向 Kanban。这种方式鼓励他们跟踪这两种类型的工作，并使他们理解不同工作方式之间的相互作用。然后，他们又采用了一种跨品种的方法，通常称为 Scrumban 或 Kanplan（带有累积的 Kanban 方式）。

从不同的角度来看，Scrum 的广泛使用可能是因为它不支持任何专门的实践，Scrum 的轻量级管理演练经常对团队产生重大影响。尽管如此，由于缺乏专门的实践，例如编码审计、计算机化确认测试和持续加入，组织可能最终不得不承担责任。其他敏捷周期，如极限编程，对于专业实践如何维护团队保持经济运行的能力，以及如何为管理人员和合作伙伴提供直接性和可感知性有着坚实的支持。一些 Scrum 团队会在这种过剩的情况下安排专门的任务，虽然这很适合 Scrum 的发展方向，但它很快就触及了产品所有者倾向于产品使用的问题。除非产品负责人非常专业，否则他们可能没有合适的材料来评估专业实践的成本/优势。对于产品负责人来说，这会变得更加困难，因为需要将专门的任务延伸到项目中，以帮助确保项目的质量、执行和安全。

1.5.4 Scrum

Scrum 是一个帮助团队合作的系统。Scrum 敦促团队成员通过接触学习，并在处理问题时进行自我协调，同时考虑他们的成功和失败的地方，并不断改进。

虽然 Scrum 最常被编程改进小组使用，但它的标准和练习可以应用于更广泛的合作，这就是 Scrum 如此出名的原因之一。Scrum 通常被认为是董事会系统的一个协调机制，它描述了一系列的聚合、设备和工作，这些工作聚集在一起帮助团队组织和处理他们的工作。

在组织中应用 Scrum 绝非易事，我们将遇到一些全新的术语，如下所列：

- 冲刺(Sprints)；
- 冲刺计划(Sprints planning)；
- 仪式(Ceremeries)；
- 积压(Backlog)；
- 回顾性(Retropective)；
- 立会(Standups)。

虽然 Scrum 可能是 Agile 中最常见的框架之一，但也存在许多其他框架。例如，我们将在下面讨论的 Kanban 和 Kanplan，这对刚接触敏捷的组织有用的。

1. Kanban

Kanban 是一种众所周知的结构，用于执行 Agile 和 DevOps 编程进展。它要求持续沟通工作中出现的限制，并提供计划、正在进行和已完成工作的清晰视图。

Kanban 的工作原理是将工作放置在物理或数字板上。这种可视化使组织能够限制正在进行工作的范围，并最大限度地提高效率，其有时也称为团队流程。

许多人在日常工作中使用 Kanban。事实上，我认识的很多在家里的日常工作中都会使用它的人。这个形式分为不同的列，这些列定义了任务的不同状态。Kanban 还将定义正在进行的工作项目、交付点和承诺点限制。

2. Kanplan

Kanplan 是多种方法的混合。Kanplan 结合了 Scrum 和 Kanban 的特性。它非常适合那些希望能够整理他们的积压工作，但没有能力在 Sprint 中工作的团队。它提供了一个很好的组合，因为团队不能总是应用整个 Scrum，包括 Sprint，但是可以很容易地使用 Kanplan 来开始更好地处理他们的工作、正在进行的工作、他们的积压工作以及积压工作中的工作优先级。

提示：在为团队选择敏捷框架时，没有什么灵丹妙药。基于许多不同的参数，框架中的不同方法有其优缺点。在规划、跟踪和发布软件时，每个团队都需要确定哪个框架最适合他们。

1.5.5 组织内部的混合方法

不同的团队采用不同的敏捷框架方法，将它们混合在一起，并使之为其工作，这一点是正确的。我没有见过任何一个能够简单地从敏捷教科书中提出一些东西并在他们的组织中实现它的组织。

考虑那些因为项目包含意外工作的元素，比如突发事件，而不能使用传统 Scrum 的运营团队。对于这些因素，Kanban 效果更好，因为它不强调计划。设想一个完整的 DevOps 团队在组织内处理一个产品，Scrum 的正常方法对他们有效，因为一切都在他们的控制范围内，他们不依赖外部团队。

最后，考虑那些希望更加敏捷的工程团队，但是却与其他没有任何敏捷实践水平的团队一起工作。这是一个棘手的情况，因为这需要团队更加敏捷以提供更高的质量，但组织的其他成员并没有兴趣采用敏捷方法。在这种情况下，Kanplan 对他们来说非常有效，使他们能够根据优先级整理积压的工作，然后再根据 Kanban 开展工作，这使他们能够直观地看到工作、进度限制和完成的工作。

这种方法对于符合这一描述的团队来说是一个很好的起点，它将使他们能够朝着更高质量的工作方向努力，独自集成使用 DevOps 的一些技术方法，而不需要组织中的其他部分效仿。

通过到目前为止所学到的知识，我们可以看到在组织中实施敏捷可以带来一些好处；然而，组织比单个团队更大，可能有多个团队在一个产品上工作。正是这一点，我们需要了解如何将敏捷扩展到一个组织中的多个团队。与在单个团队级别实施敏捷相对容易相比，在整个组织中实施敏捷是一个真正的挑战。

在企业级上实施敏捷时要求我们采用敏捷概念，以及如何在功能级上采用 LeanAgile，这包括财务、采购、人力资源和销售等各方面。在企业层面，敏捷实践正在许多团队和许多以组合方式工作的工程师之间实施。

提示：在企业中扩展敏捷需要从功能上进行思考，到目前为止，我们在团队层面上进行了探索。要扩展敏捷，组织必须将其视为组织范围内的工作。

Netflix 创造了“高度一致、松散耦合”这一短语，我们仍然可以在他们的主页上看到这一短语，它描述了一个在整个企业中使用敏捷开发、高度成熟的组织。

在企业级扩展敏捷时，两个非常流行的模型是 Scaled Agile Framework (SAFe) 和用于在企业中扩展敏捷的 Spotify 模型。两者都非常受欢迎，后面会更详细地讲解它们。

1.5.6 规模化敏捷框架

规模化敏捷框架(SAFe)使复杂的组织能够在规模上实现精益敏捷和系统开发。该框架定义了四个核心价值观：

- 校准；
- 内置质量；
- 透明度；
- 程序执行。

SAFe 概念实际上相当广泛，其涵盖了四个主要领域：敏捷开发、精益产品开发、系统思维和 DevOps，但是它的核心将更多的价值放在前面列表中描述的四个价值上。

为确保能够跟上快速发生的变化、颠覆性的竞争力量和地理上分散团队协调一致的需要，一致性是关键，采用敏捷方式的团队是伟大的，但一致性不是，也不能取决于所有敏捷团队的意见，一致性来自企业级业务目标。

系统越大，质量要求就越高。尤其是在大型系统中，质量的重要性是无可争辩的。内置质量确保整体解决方案中的每个元素都反映了整个开发生命周期所需的质量。组织可以通过敏捷测试、行为驱动开发（BDD）和测试驱动开发（TDD）来考虑质量问题。

透明度源于难以制定解决方案这一事实。由于事情出错、没有按计划进行或没有高透明度，事实会变得模糊，这就造成任何决策过程都不是基于可以做出最佳决策的实际数据。建立信任需要时间，而透明度是信任的一个来源，它是通过SAFe在多个级别上提供的。最重要的是，如果团队无法持续执行或交付价值的话，这些都变得不重要。因此，SAFe将重点放在工作系统和业务成果上。我们知道，虽然许多组织开始通过单个团队进行转型，但当这些团队挣扎在为了可靠、高效地提供更多价值努力时，他们会感到沮丧。

1. Spotify敏捷扩展模型

Spotify在全球分布有大量的工程师，其成功的一个关键是该公司可以确保以提高敏捷性的方式组织工作。在Spotify的工程团队所经历的整个过程中，这些都被记录下来并与世界其他地方的团队分享。

这个模型现在被称为Spotify模型，是一种以人为中心的方法，它专注于自主伸缩敏捷，并非常关注网络和文化。多年来，这有助于Spotify和许多其他组织通过专注于自主性、沟通、协作、问责制和质量，总体而言，Spotity模型就是通过提高交付来提高其创新水平和生产力。

提示：虽然Spotify被称为模型，但它不是一个框架。这只是Spotify从文化和技术角度对如何扩展敏捷的看法，这是如何在产品环境中组织多个

团队的一个示例。

该模型在 2012 年被首次推出，该模型受到了很多来自该领域专家的检验。经过检验表明 Spotify 接近敏捷水平的一种极其简单的方式。从那时起，它引起了巨大的轰动，并变得流行起来。

该模型倡导团队的自主权，它有几种描述组织结构的方法。

- 小队（Squads）；
- 部落（Tribes）；
- 团体（Chapters）；
- 公会（Guilds）。

小队是按部落组织的团队，各团体帮助主题专家保持联系，而公会则帮助人们在整个组织内保持一致，其中团体能够使个人在单个部落内保持一致。

提示：与任何其他敏捷模型一样，重要的是要确保如果在组织内实施该模型，这就需要有适当的反馈和透明度以形成和维持信任和自主性。

现在我们了解了敏捷在 DevOps 中所扮演的角色，知道它在许多方面对 DevOps 至关重要。

1.7 总　结

第一章到此结束。到目前为止，本章介绍了一些术语，并将在本书的其余部分使用这些术语，确保你对 DevOps 的主要概念、它给组织带来的价值、它可以帮助你解决挑战有一个良好的基础性理解，并且了解了敏捷如何在 DevOps 中发挥作用。

在下一章中，我们将了解 DevOps 如何为业务带来好处，以及根据组织的结构使用各种团队拓扑来实现成功，同时讲解 DevOps 的一些缺陷以及如何避免这些缺陷。

第 2 章　DevOps 的业务优势、团队拓扑和陷阱

在推动成功所需的变革时，展示 DevOps 如何为组织的业务带来好处的能力非常重要。首先，本章将着眼于介绍 DevOps 转换对业务的好处，以及在 DevOps 转换期间可以使用的团队拓扑；然后本章将介绍可能导致 DevOps 转换失败的陷阱和错误。

在本章中，我们将介绍以下主题：

- DevOps 的主要业务优势；
- 变换拓扑；
- 转换反模式；
- 避免转型项目失败。

2.1　DevOps 的主要业务优势

当涉及到 DevOps 转型时，最基本的要求是来自组织内的执行领导和高级管理层的认同。如果没有这种支持，组织将在转型过程中遇到严重的挑战，甚至可能在真正开始之前就失败了。

确保组织获得所需认可的一种方法是确保执行领导和高级管理层了解 DevOps 的业务好处。我们不能简单地向单个团队或领导者解释技术或本地利益，因为他们需要知道为什么用于实施这种新的工作方式的花费是值得的，以及这种新的工作方式将如何帮助企业更快地发展。

简而言之，如何确保 DevOps 满足组织的关键绩效指标(KPI)和业务目

标是关键

提示：在开始进行 DevOps 转型时，应尽早获得高管支持；这样，我们可以根据与高管的讨论，在必要时改变最初的方法。

为了更好地准备与高管的会议，并与他们讨论 DevOps 转型，我们首先需要了解业务目标是什么，这并不是一个高要求；我们可以从以下方面了解 DevOps 如何帮助组织提高业务中的 KPI：

- 客户体验；
- 业务增长；
- 节省成本；
- 提高生产力；
- 提高员工在职率；
- 优质产品；
- 更高的客户满意度；
- 提高运营和流程效率。

现在让我们更详细地了解这些方面，以便更好地理解它们。

1. 客户体验

在任何业务中，客户都会推动成功，而更好的客户体验最终会推动产品更新，并推动业务增长。客户体验对于任何企业的成功都至关重要。改进总体客户体验可以提高客户忠诚度、保留率和利润，并缩短销售周期。

在 DevOps 中，改进是生产支持的关键，也是 DevOps 存在的基础支柱之一。开发团队和运营团队之间的这种更好的协作通常最终会提高产品的质量。这些元素对客户体验有直接影响。

随着业务和技术团队专注于最佳输出，或者是相同的目标，这一点最终将极大地推动客户体验的发展。

2. 业务增长

随着销售和客户服务的增长，潜在的客户也在增长。特别是对于一家有所改善的公司来说，增长意味着可以有更多的资本投入。这些资金可以转回到业务中，以便进一步开发流程和系统。此外，生产率和绩效的提高确保了工人有更多的时间，可以自由地从事更高效、更能产生收入的项目。

3. 节省成本

应该注意，这里列出的所有更改和增强都有助于降低总体成本。生产的改进和性能带来更高的销售额、更低的运营成本和更高的客户满意度，这本身就进一步提高了收入。DevOps 明确鼓励持续的变化和发展循环。

4. 提高生产力

更敬业、更忠诚的员工意味着更高的生产率，特别是当他们信任自己的工作时，但不仅仅是这一个因素导致了生产率的提高。在信息技术(IT)中，团队通常被要求用更少的钱做更多的事情，这就是自动化工具发挥作用的地方，他们可以自动化和优化重复且频繁轮换的内部流程。尽管DevOps已扩展到市场的其他领域，但是 DevOps 尊重这种方法。其将典型任务自动化为员工腾出了时间，让他们能够专注于更有意义的任务，并将更多的时间花在他们所做的事情上。

5. 提高员工在职率

毫无疑问，员工敬业度是组织成功的最关键因素之一。如果员工在工作中不满意、不高效、不顺从，那么绩效和总体结果都会受到影响。

高性能和功能性的 DevOps 工作环境已经被证明可以极大地提高员工体验。这一趋势鼓励员工提高参与度和生产率，也增加了品牌忠诚度。当员工感到满意时，这预示着他们的离职率会降低，并会吸引新的人才加入。

虽然现在有点过时，但 Puppet 在 2016 年发布的 DevOps 状态报告显示在基于 DevOps 组织中开展业务的人向朋友推荐业务的可能性是那些未能使用 DevOps 公司的 2.2 倍。

6. 优质产品

DevOps 培养了一种一致和优化开发的文化，这不可避免地会导致应用程序和产品的改进。具体来说，在软件开发中，就是减少产品中出现的错误或错误的数量。

7. 更高的客户满意度

顾客服务和满意度之间有着紧密的联系。体验越好，满意度就越高。当然，这意味着，由于 DevOps 改进了客户体验，因此只要正确执行部署，它也可以提高客户满意度。

8. 提高运营和流程效率

由于 DevOps 要求对当前流程和开发操作进行重新评估和改进，因此这就具有一种提高性能的趋势。随着公司致力于提升其整体运营，他们就可以朝着能够提高绩效的流程、方法和实践方向发展。常识告诉我们，整个公司将因此提高生产力。

也有数据支持这一举措。CA 技术研究的报告《通过敏捷和 DevOps 提升效率和客户价值》表明，实施 DevOps 的组织的 KPI 增加了 40%。

2.2 变换拓扑

每个组织都是不同的，即使是同一部门的组织也因各种不同的原因而有所不同。为了使转换尽可能有效，有许多不同的拓扑结构可用于组织中其他团队的合作，如下所列：

- 开发和运营协作；
- 共享操作；
- 作为服务的 DevOps；
- DevOps 宣传；

- 网站可靠性工程(SRE)；
- 容器驱动。

组织可能将来会从自己的组织分辨出其中一些；然而，还有更多的拓扑结构存在，并且所有这些都有很好的记录，我们可以从 DevOps Topologys 购买。

提示：对于组织来说，按照前面讲到的拓扑开始转换，然后在足够成熟后切换到另一个模型是很常见的。这种方法没有错，在大多数情况下，这将有助于组织获得更高水平的成功，而不是在第一次尝试时就瞄准顶端。

2.2.1 开发和运营协作

图 2.1 所示的模型可能是最受欢迎的，通常被视为黄金模式或 DevOps 的乐土。此模型支持组织内开发和运营团队之间的顺利协作。

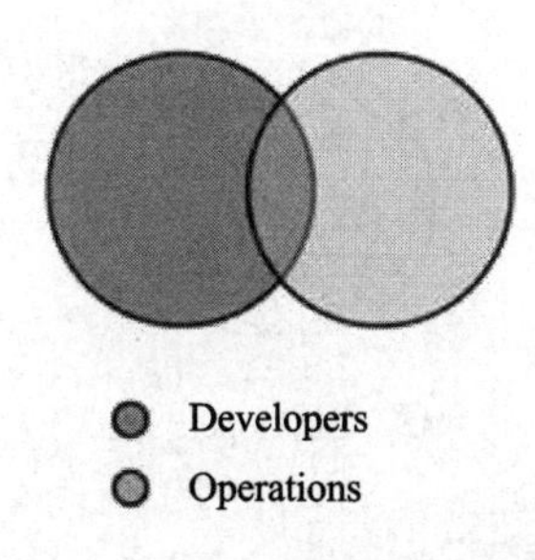

图 2.1 开发人员和运营团队之间协作的图表

每个团队在需要的地方分享知识，但每个团队都将专注于特定的产品或产品的一部分，这可能涉及许多不同的开发团队。这种模式非常有效，在具有强大技术领导力的组织中效果非常好。但需要注意的是，为了实现这一模式，组织需要经历实质性的组织变革。

为了取得成功，管理者需要在团队中具备更高的管理能力水平。无论是提高可靠性、增加部署频率，还是其他的目标，开发和运营需要具有非常明确和明显的共同目标。

运营团队必须能够轻松地与开发团队合作，并熟悉他们的一些流程和工具，这将包括用于源代码控制的测试驱动开发(TDD)和 Git。除此之外，在开发人员方面，他们必须非常认真地对待操作功能，并从操作团队寻求有关功能实现的意见。

总之，这需要从团队过去的合作方式中进行高水平的文化变革，因此，尽管非常有效，但是实现这一模式充满挑战。

2.2.2 共享操作

如果个人的工作环境是在产品团队而不是单个功能团队，那么我们可以看到共享操作拓扑。在这个拓扑结构中，我们看到开发团队和运营团队之间几乎没有分离，每个人都专注于共同的责任，图 2.2 说明了这一点。

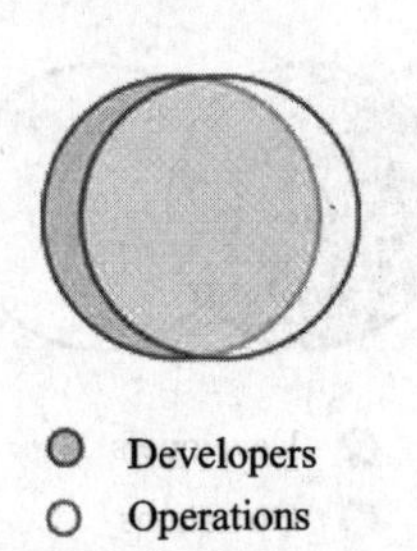

图 2.2 开发人员和运营团队之间很少分离的图表

与开发和运营协作模式一样，这种模式具有高效的潜力，非常适合具有单一产品或服务的组织。实际上，它是我们之前讨论的模型的一种形式，但有一些特殊的功能。

拥有单一产品的组织可以实现这种拓扑结构，如 Netflix、Spotify、Facebook 和 Twitter。不过，除了单一产品的组织，这种拓扑结构并不十分适用于其他组织。

当组织中拥有多个产品流，预算约束以及这些产品流之间的焦点切换通常会迫使组织的开发和运营团队进一步分离，很可能回到以前的模型。

描述这种拓扑结构的另一种方法是NoOps，该模型中没有明显不同的运营团队。

2.2.3 作为服务的DevOps

到目前为止，我们已经研究了有利于初创企业的拓扑结构，因为它们可以以正确的方式从头开始构建组织结构，或者利于企业组织改变其运营模式。对于没有预算、经验或员工来领导其生产，产品运营方面的较小组织，开发团队可能依赖外部服务提供商，如图2.3所示：

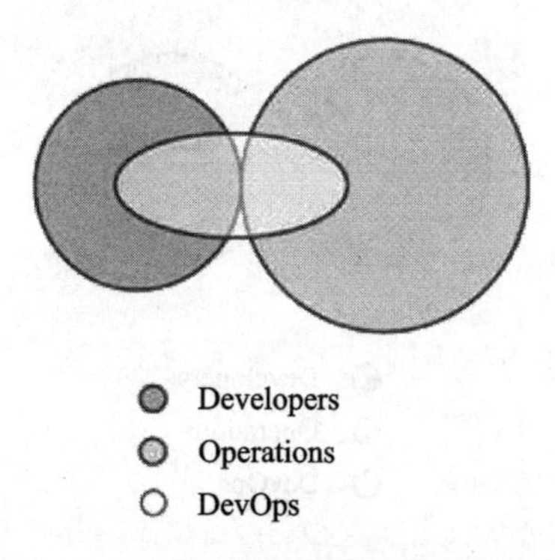

图2.3 DevOps作为服务拓扑的示意图

服务提供商的角色是帮助组织构建环境，为其提供基础设施的自动化，并提供平台监控。服务提供商还可以就开发周期中所需的操作功能提供建议。

提示：尽管我们将拓扑DevOps称为一项服务，但必须强调的是，此模型是不可扩展的，客户必须以与服务提供商相同的方式工作，才能使其正常工作，但这并不总能实现的。

此拓扑对于较小的组织所涉及的操作方面非常有用，例如自动化、配置管理和监视。但是这些较小的组织可能会在他们的技能建立起来后，随着他们雇佣更多的运营人员，向第一或第二拓扑转移，这就是试图将此拓扑作为一项业务来实施的服务提供商的问题所在。

总的来说，对于那些经验有限的小型组织来说，这种模式有可能在某种程度上有效，但如果试图在大型组织中实施这种模式，则可能会出现停滞。

2.2.4 DevOps 宣传

当组织在开发和运营之间存在较大差距时，我们可以引入倡导拓扑结构作为促进团队。此拓扑可用于帮助开发和运营部门保持对话和协作，如图 2.4 所示。

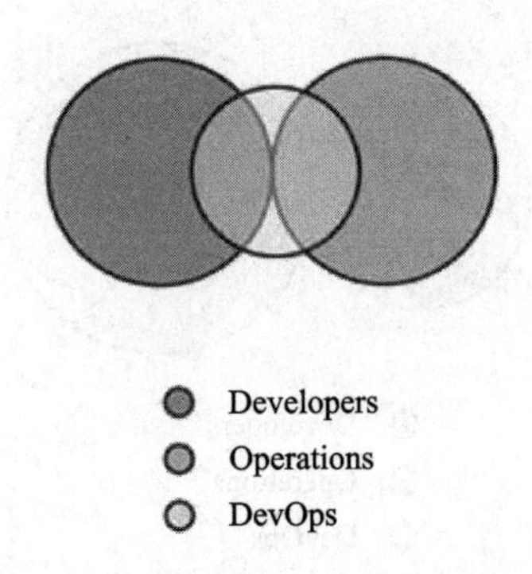

图 2.4　DevOps 倡导拓扑结构的示意图

这种拓扑结构在所有类型的组织中都能很好地工作，特别是在这种部门之间需要沟通的情况下。这种拓扑的结果可以是混合的，但可能会产生非常有效的结果。

提示：当组织使用 DevOps 倡导模式时，请注意 DevOps 团队孤岛反模式。

为了提高效率，宣传团队必须具有促进开发团队和运营团队之间沟通和协作的具体职责。团队成员通常被称为DevOps倡导者，因为他们的目的是帮助提升其他团队成员对DevOps实践的认识，并促进团队更紧密地团结在一起。在这种拓扑结构上需要注意的一点是，它可能会很快出错。组织必须确保宣传团队与开发和运营团队的日常交付成果分开。他们不能沉迷于他们所做的工作，否则他们就会失去对目标的关注。

2.2.5 网站可靠性工程(SRE)

这种拓扑通常被称为谷歌模型，它与我们迄今为止探索的其他拓扑结构不同。DevOps通常会要求开发团队应该加入随叫随到的轮换，但这不是必需的。包括谷歌在内的组织运行的模型略有不同，从开发到运行该软件的团队之间有着特定的交接，这就是SRE的作用，如图2.5所示。

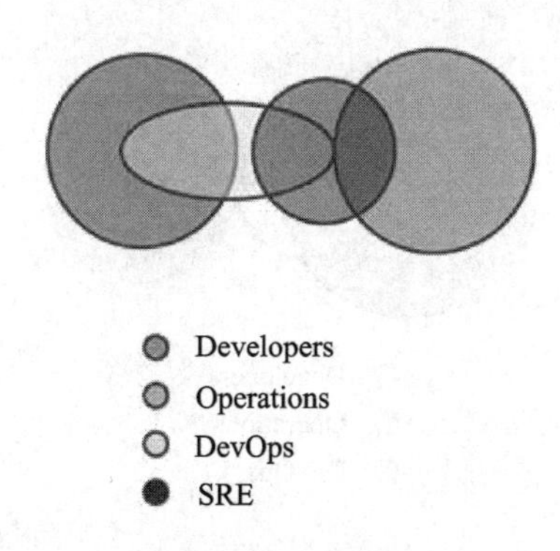

图2.5 SRE拓扑图

然而，这种拓扑结构的关键是理解SRE团队具有关于将代码部署到生产环境的最终决定权。团队可以拒绝不符合操作标准命令的发布，并要求开发人员解决问题。

开发人员需要通过日志、指标和测试结果向SRE团队表明该软件版本具有足够高的标准，并可以得到SRE团队的支持。

提示：对于SRE拓扑，组织需要小心开发与运营孤岛。

这种拓扑结构是独特的，因为尽管它听起来像是当今大多数组织中使用的一种常见模型，但它只适用于存在高度工程化和成熟度的情况；否则，它将无法修复任何问题，并且，如果没有这种成熟度，SRE 团队也不能最终决定代码的部署。

由于这个原因，这种拓扑结构要么效率很低，要么效率很高，这完全取决于组织自身的文化。

2.2.6 容器驱动

最后，我们有了容器驱动的协作拓扑。容器可以消除开发和操作之间的一些协作需求。这是通过在容器中封装开发和运行应用程序的任何需求来实现。容器作用是划定开发和运营之间的职责，如图 2.6 所示。

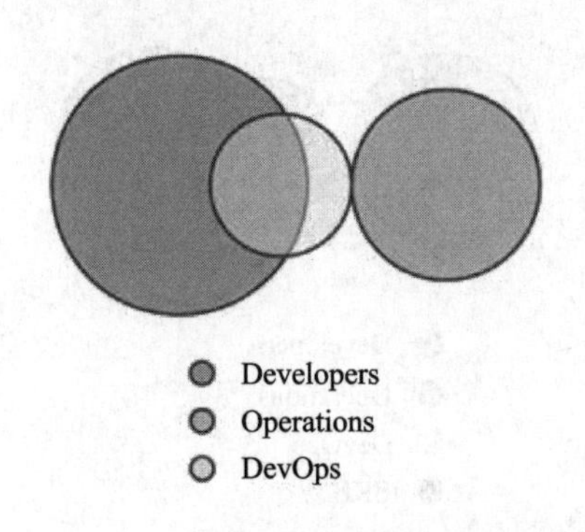

图 2.6 容器驱动拓扑的示意图

通过良好的工程文化，这种拓扑结构能够在组织内运行得很好，但是如果开发人员开始忽略或不恰当地使用注意事项，那么这个拓扑可能恢复到通常的团队分隔状态，就像 SRE 拓扑一样。与 SRE 拓扑一样，该拓扑要注意开发与操作的反模式，在这种模式中，操作需要关注开发人员所丢弃的事情。

2.3 反模式转换

在转换拓扑中，我们探讨了有助于 DevOps 转换的组织模型，并研究了它们旨在实现的目标。然而，在这里，我们关注的是反模式，即这些工作方式可能会对组织的目标产生反作用，并阻碍组织进行 DevOps 转换。

每种反模式都是特定的，相信到目前为止，在我们的职业生涯中都会遇到以下至少一种情况：

- 开发和运营孤岛；
- DevOps 团队孤岛；
- Dev 不需要 Ops；
- 团队只将 DevOps 作为工具；
- 美化 SysAdmin；
- 开发团队中嵌入 Ops。

让我们在下面的部分中详细地讲解一下它们。

2.3.1 开发和运营孤岛

这是一个反模式，我知道每个人都会有相关经验。这是 Dev 和 Ops 之间“各管一摊”的经典情况。在许多方面，图 2.7 所示的这种反模式有许多问题。

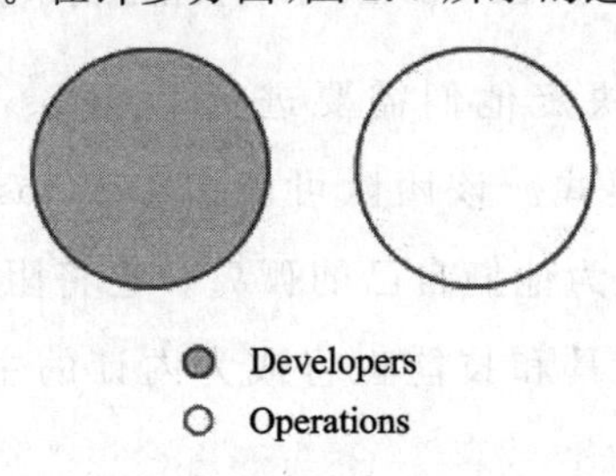

图 2.7 开发和运营孤岛反模式的示意图

从开发人员的角度来看，功能可以标记为已完成，并且在其工作完成时为其声明故事点，但该功能可能尚未投入生产，甚至可能不在生产中工作。可操作性也会受到影响，因为开发人员没有足够的上下文来了解操作中的功能，并且操作团队没有时间或意愿在上线之前与开发人员联系解决问题。

大多数人都知道这不是我们想要的工作方式，尽管我们知道这种反模式很糟糕，我们知道问题所在，但我们却没有具体的方法解决这个问题。

2.3.2 DevOps 团队孤岛

DevOps 团队孤岛也是一种反模式，一个单独的 DevOps 团队在一个孤岛中运行是可以接受的，因为这是该团队出于临时目的而存在。这可能符合我们在上一节中讨论的倡导拓扑结构，即该团队有明确的任务，使团队更紧密地团结在一起，并改善团队之间的协作和沟通，如图 2.8 所示。

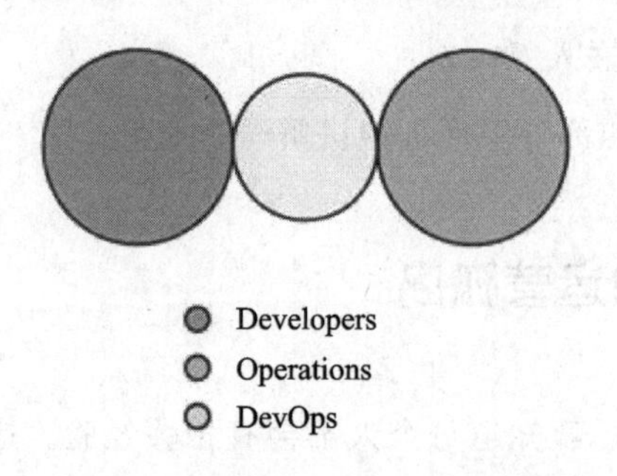

图 2.8 DevOps 团队孤岛反模式的示意图

当管理层或高管决定他们需要进行 DevOps，并组建 DevOps 团队时，就会出现这种反模式。该团队可能由 DevOps 工程师组成，但问题是，这个团队将很快成为他们自己的孤岛。它将阻止开发人员和操作人员之间的紧密合作，工具和技能也将成为内讧的主题，每个人都在捍卫自己的阵地。

2.3.3 Dev 不需要 Ops

只开发，不关注运维，特别是在启动新项目时，尤其是在使用云技术时，人们通常会假设 Ops(运维)已经成为过去。人们会严重低估运维技能的重要性和复杂性，如图 2.9 所示。

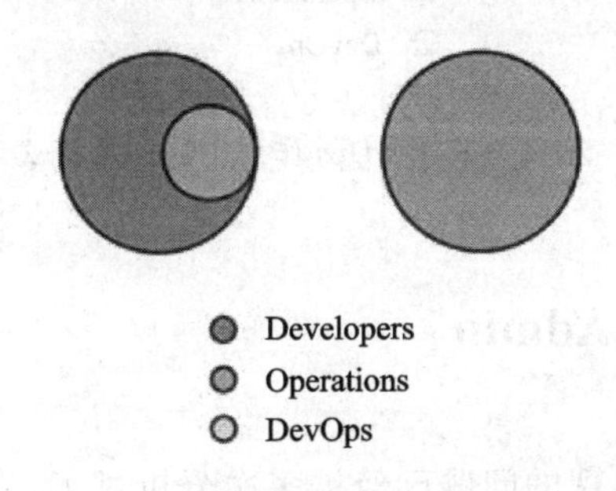

图 2.9 "Dev 不需要 Ops"反模式的示意图

人们相信，他们可以在没有运维的情况下进行操作，或者利用业余时间就可以完成运维的工作。如果团队认识到运维作为一门专业，与软件开发一样重要和有价值的重要性，那么他们将避免许多痛苦和基本的操作错误。

2.3.4 团队只将 DevOps 作为工具

团队只将 DevOps 作为工具，这虽然对该团队的成果可能是有益的，但其影响非常有限。组织可以从改进的工具链中获得更多益处，同时这种模式还存在整个开发生命周期中，团队之间缺乏早期的操作参与和协作的问题，如图 2.10 所示：

DevOps 团队就是来处理部署所需的工具，如管道、配置管理、机密管理等。当组织为了不影响当前开发人员团队的速度，而根据开发需求设置团队时就会发生这种情况。Ops 将继续孤立地工作，并将继续他们与开发"各管一摊”的现状，就像第一个反模式一样，如图 2-10 所示。

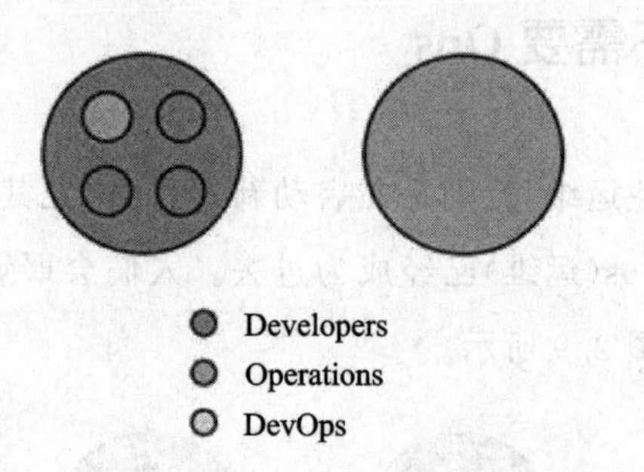

图 2.10 团队只将 DevOps 作为工具的反模式示意图

2.3.5 美化 SysAdmin

DevOps 工程中出现的问题已经被多次分析过了，许多人认为这不是一件重要的事。我也是这样认为的，而且它被许多组织广泛采用。不过，了解基础设施工程师和 DevOps 工程师之间的差异很重要。我写了一篇关于这个主题的博客介绍此反模式，如图 2.11 所示。

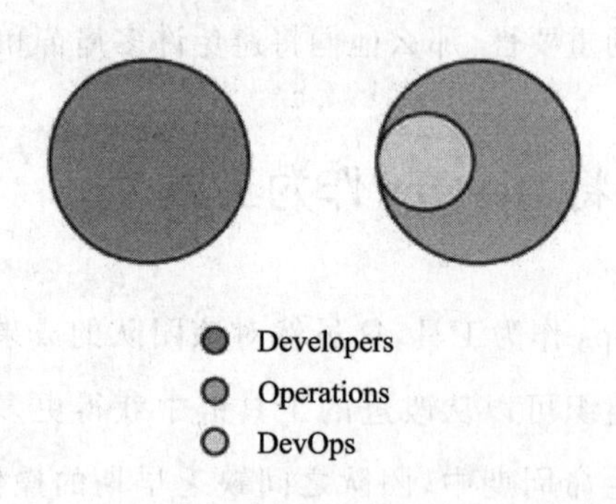

图 2.11 美化 SysAdmin 的反模式示意图

这种反模式在工程成熟度较低的组织中非常典型。在这种组织当中，人们只是强烈希望改进实践并减少管理费用，而忽视了 IT 是业务的核心驱动力。

一些组织想做 DevOps 的原因只是因为他们的竞争对手在做,他们没有反思团队内部当前结构和关系中的差距,而仅是决定为其运营团队雇佣 DevOps 工程师,这就造成了 DevOps 在行业中不一定成功。

所有这些都是对以前的基础设施工程师角色或 SysAdmin 的重新命名。除了要求更高工资或头衔之外,没有发生文化或组织上的变革。

提示:是人类的沟通和软技巧使得 DevOps 蓬勃发展,而不是技术技能。

因为人们顺应了潮流,寻找具有工具、自动化和云技术的候选人,这种反模式正变得越来越普遍。

2.3.6 开发团队中嵌入 Ops

当一个组织出于任何原因不想维护一个单独的运营团队时,开发团队就要对其开发的基础设施负责。当这种情况发生在产品驱动的环境中时,这些运营责任会受到资源约束,并且通常会降低优先级,从而导致次优方法,如图 2.12 所示。

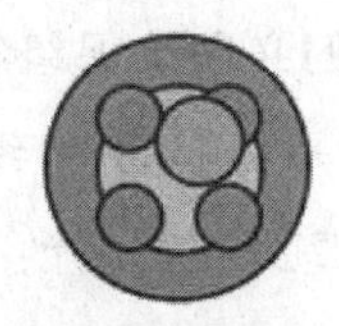

Developers
Operations
DevOps

图 2.12 开发团队中嵌入 Ops 的示意图

与我们讨论过的其他反模式一样,图 2.12 也显示了组织对有效的 Ops 技能重要性的认识不足。Ops 的价值被严重削弱,因为它被视为开发人员的烦恼。

2.4 避免转型项目失败

现实情况是项目失败了，DevOps 转型也不例外，与所有项目一样，组织应该为此做好准备，并尽可能从其他人的错误中吸取教训，将控制措施落实到位，这样组织不仅可以从这些错误中吸取教训，还可以防止错误再次发生。

DevOps 转型项目未能按计划进行，且经常被放弃的原因有以下 5 点：

- 将 DevOps 计划植根于客户价值观；
- 组织变革管理不善；
- 未能协作；
- 未能采用迭代方法；
- 对 DevOps 计划方面预期管理不善。

下面将详细讲解这些原因。

1. 将 DevOps 计划植根于客户价值观

业务部门建议跨行业公司更快地寻找新的机会以应对威胁。组织对速度有着非常真实的需求，但我们必须确保组织将对速度的需求根植于消费者的价值之中。只有加快速度是不够的，组织需要更快地交付价值，速度可能不是问题所在，真正的问题是组织需要的是创新。在试图解决业务问题时会引起混乱的情况下，DevOps 将帮助企业更快地进行试验以找到正确的答案。

因为 DevOps 而决定进行 DevOps 的组织有失败的风险，因为员工与 DevOps 这个行为没有联系；相反，组织需要将这些努力为员工和公司带来的好处与员工联系起来，这意味着员工需要知道消费者是谁，他们认为什么是重要的，以及如何满足这些需求。

2. 组织变革管理不善

我很遗憾地看到，有一个主要问题正在一遍遍地重复，那就是忽视组织中的变化。

当组织试图在没有学习的情况下就将某个专业整合在一起时，会导致成功率降低。领导者应该通过认识和表达消费者的重要性来发起组织变革。DevOps及其所需的改进不是可选的，员工必须了解这一点，以及为什么需要进行更改。

组织还需要关注消费者满意度，因为客户与价值相关，而不是与DevOps一词相关。组织需要迭代，以确保其有学习和发展的能力。

3. 未能协作

有效的DevOps项目需要与所有利益相关者合作，以解决出现的挑战。然而，许多DevOps项目仅限于单个领域，这限制了DevOps的有效性。

提示：协作是DevOps的基石，未能在团队之间实现强大的协作将导致组织的工作方式没有变化，甚至可能因为孤岛现象而变得更糟。

组织会经常犯这样的错误，即根据员工的技术能力而不是他们的工作意愿来雇佣他们。当组织组建一个DevOps团队时，其需要一个由喜欢团队合作的人组成团队。这样的人聪明、有动力、有技能，他们对自己和他人负责，他们喜欢学习，因为DevOps绝对不是一成不变的。

组织可以在技术技能方面培训优秀人才，但很难让态度差、动机差的人提高。

4. 未能采用迭代方法

在单一阶段启动DevOps，会导致更高的失败率，特别是对于大型组织而言。循序渐进的迭代方法会让公司专注于质量改进，并通过学习和改进每一次尝试而向前迈进，以此消除快速前进中的风险。

组织需要创造一个处于前端和中间的学习环境，而迭代将帮助组织做到这一点。

先发策略是好的方法之一。先发指的是单一的价值流，企业可以通过重复和学习来竞争。先发者应该在立场上友好，以便利益相关者愿意公平地尝试 DevOps，并理解错误会发生，并且会从中吸取教训，通过创造适当的价值来建立信誉和增加支持，并为公司带来可接受的风险水平。

我们的目标不是将整个工具链和一个从开发到输出的端到端、全方位、集成的解决方案结合起来，我们的目标是改进工作流程，并随着时间的推移不断改进。

5. 对 DevOps 计划方面的期望管理不善

利益相关者对 DevOps 预测错误的事物感兴趣是正常的。例如，当工作流程被认为是一个价值游戏时，许多人希望它能使成本最小化；另一个错误的期望是 DevOps 完全是关于可以轻松应用的资源，而在组织变革方面，使用 DevOps 是一项艰巨的任务。

提示：要使 DevOps 转换成功，组织可以做的最大一件事就是设定适当的期望。成功转换到 DevOps 所需的时间总是比组织预期的要长。

归根结底，这一切都取决于确保组织所能交付的产品符合标准。这也是我要提醒人们对自己的承诺保持高度警惕的原因之一。无论他们是使用咨询机构的数据还是使用市场调查的数据，组织可能真的不知道这会给他们带来什么，但是一定要关注自己的期望。

2.5 解码失败的 DevOps 转换

在我们解开 DevOps 失败背后的原因之前，关键的部分是理解 DevOps 是什么。这是我们在第 1 章介绍 DevOps 和 Agile 中讨论的一点，让我们再次总结一下这些要点。

- DevOps 不仅仅是团队协作；
- DevOps 不仅仅是一个工具链；

- DevOps不仅仅是一种软件开发模型；
- DevOps不仅仅是灵活性和质量；
- DevOps不仅仅是开发和运营之间的桥梁。

可以说，DevOps的内容太多会导致一定的混乱，而这在组织的实现过程中会造成问题。一些拥有最佳工具的大型组织在DevOps上苦苦挣扎，因为他们没有正确地掌握DevOps基础知识。

1. 文化对成功有巨大的影响

如果回顾第一章的内容，首先说明了文化的重要性，文化加强组织结构的传统、价值观和信仰。DevOps不仅仅是工具的集合，我们需要在组织中建立DevOps文化才能获得结果。

2. 单靠工具无法解决问题，因此如何设置正确的文化

这个问题是在第1点基础上的延续。组织追求实现目标的工具，而不是文化变革，这是DevOps失败的最大原因之一。

但事实是，文化是棘手和困难的，我们将在后面的章节中更详细地讨论这一点。

3. 为组织定义DevOps

在这个数字时代，无论是哪个领域，任何组织都是一个技术驱动的组织。从数字化转型到持续数字化的过程需要多功能性、灵活性和一致性。DevOps已成为公司关注软件分发、发布升级或新功能的必备产品，以一致性和至高无上的态度服务于客户。毫无疑问，DevOps将使软件开发更加容易，但每个公司都有不同的需求集。

4. 自动化和速度可能不是你所想的

实时股票交易公司奈特资本(Knight Capital)利用自动化技术为客户加快交易速度，简化交易。在为应用程序编写新代码时，新代码被错误地命名为与旧功能相同的名称，致使该功能处于非活动状态，但未从应用程序中删除。

这就造成了奈特资本错误完成了一个在几分钟内进行价值数十亿美元的收购申请，公司不得不支付 6.4 亿美元的罚款，导致破产。

这个例子说明组织误解了自动化，DevOps 是借助持续集成/持续交付(CI/CD)原则实现自动化软件开发过程，有大量的工具可用于源代码管理、测试、维护和存储。

提示：自动化是一个功能强大得令人难以置信的组件，但永远不要忘记机器与人的结合对提高精度的作用。

5. DevOps 意味着授权团队中的每个人

人是 DevOps 失败的关键原因之一。DevOps 需要团队中所有人的参与，团队合作是 DevOps 一个关键的功能。要使 DevOps 有效，组织需要找到合适的人，为他们提供合适的技能，并给他们时间体验 DevOps 文化。

一位来自流行网站的软件工程师正在将数据库列重新组织成一个与数据库相关的工具，以提高工具自己的理解能力，但是，他不知道自己的同事也在修改数据库中的列顺序，这将导致许多用户无法访问服务器。

2.6 总 结

第 2 章到此结束。在本章中，我们介绍了 DevOps 为组织关键业务带来的好处，以及可以为团队带来最大成功的拓扑结构。反过来看，我们看了反模式，这是 DevOps 转换时要避免的团队模式。最后，我们学习了如何避免失败的 DevOps 转换项目，并看了一个 DevOps 失败的例子。

在下一章中，我们将介绍如何衡量组织内的成功，以及设定适当目标的重要性。

2.7 问 题

现在让我们回顾本章,验证我们所学到的知识。看看你是否能回答以下问题。

1. 以下哪项不是DevOps的主要业务优势?

   a) 客户体验

   b) 提高生产力

   c) 用更少的资源做更多的事情

   d) 更高的客户满意度

2. 哪种转换拓扑被视为黄金标准?

   a) 共享操作

   b) DevOps作为一种服务

   c) 集装箱驱动

   d) 开发和运营协作

3. 以下哪项是导致DevOps转换失败的原因?

   a) 未能协作

   b) 采用迭代方法

   c) 节省成本

   d) 更好地留住员工

第 3 章　衡量 DevOps 的成功

我们必须能够指出显示 DevOps 在组织内成功的指标和度量方法。选择正确的指标对于展示进步、确保团队与人们的愿景保持一致,并赋予员工权力至关重要。本章介绍 DevOps 中使用的各种指标以及如何衡量成功。

在本章中,我们将介绍以下主题:

- 衡量成功的常用指标;
- 为团队设计指标;
- 在组织级别创建汇总。

3.1　衡量成功的常用指标

首先要知道为什么要衡量组织的表现。我和许多不同行业的领导者交谈过,他们都认为衡量成功是一种可以用来帮助绩效管理的工具。

事实上,业绩跟踪是一种改进的工具,持续改进(Continuous Improvemont,CI)是 DevOps 的一个关键支柱,如果组织不知道自己的表现如何,怎么能改进呢?改进应该是 DevOps 中使用指标的主要目的,这些指标可以驱动实际结果并突出增长领域。

在研究组织可以使用的指标之前,可先将指标分为三个部分,然后,根据正在运行的团队类型,从每个存储中选择适当的指标来查看组织的绩效,并生成有用的反馈方法。从每个存储中选择的指标数量取决于组织的目标和组织的团队风格,如图 3.1 所示。

图 3.1 说明了在理想的世界中,三个类别中的每一个都有一个衡量标

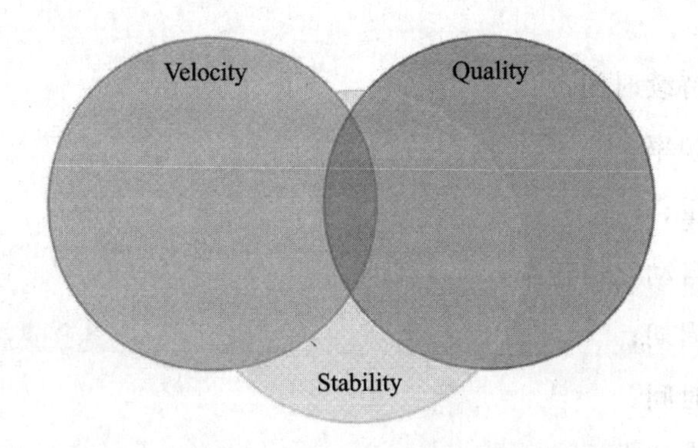

图 3.1 速度、质量和稳定性关系的维恩图

准，但也可以有一个类别中有更多维度量标准的场景。在所有场景中，稳定性始终存在。

此模型中存在以下可能性：

- 速度＋稳定性；
- 质量＋稳定性；
- 速度＋质量＋稳定性。

稳定性是 DevOps 成功的核心，因为无论我们在组织内做什么，无论组织正在经历什么样的变化，稳定性都应该是我们工作的核心，在任何情况下我们都不应该改变这一点。

首先，让我们看看与速度相关的指标。在 DevOps 中，当我们谈论速度时，我们指的是速度和方向。

3.1.1 速度衡量指标

速度在 DevOps 指标中至关重要，因为我们正在进行一次尝试打破组织中的孤岛，并改进协作和沟通的旅程。在突出显示需要改进的领域时，使用关注速度的指标非常有用。考虑到这一点，让我们看看一些常见的速度指标，如下所列：

- 部署持续时间；
- 部署频率；
- 更改量；
- 测试自动化覆盖率；
- 交付周期；
- 周期时间；
- 部署失败率；
- 环境资源调配时间。

现在让我们更详细地讲解它们，以了解每一个指标的含义。

1. 部署持续时间

部署持续时间是执行连续部署(CD)线程所需的时间量。如果同时生成构建和运行部署，而不仅仅是生成最新的构建项目，那么需要同时记录 CI 和 CD 线程，需要确保组织有办法知道每个线程执行所需的时间。大多数工具使组织能够查看每个线程的开始和结束时间，以及其中执行的步骤。

2. 部署频率

通过测量部署频率，可以查看部署的次数。在成熟的组织中，其目标是每天多次部署，但是否这样做取决于其他几个因素。

提示：随着部署数量的增加，绘制一段时间内的进度图可以显示 DevOps 转换的实际进展。

3. 更改量

在 DevOps 中，通常存在一种常见的误解，即组织没有遵循正常的变更管理过程而导致失败。而实际情况恰恰相反，透明度对变更管理非常重要，因此在服务管理中，没有比变更管理更好的透明度工具了。组织可以测量软件版本之间的更改数量，以了解其发布的版本数量。

4. 测试自动化覆盖率

测试自动化也是 DevOps 自动化的关键部分。在谈到测试自动化中的覆盖率时，我们指的是自动化测试所覆盖的应用程序或代码库的数量。

5. 开发周期

在 DevOps 中，如果希望快速发布新产品，那么开发周期是一个重要的度量标准。提前期是将项目添加到待办事项和该项目发布之间经过的时间量。这是一个让组织测量一个项目从待办事项到生产的平均时间。

6. 交付周期

与开发周期非常相似的是交付周期。该指标与开发周期的细微差别在于，交付周期不是从项目添加到待办事项至项目发布的时间，而是从项目工作开始到项目完成或发货的时间。

7. 部署失败率

确定部署中的失败率有助于团队确定代码和测试的质量，从而从其他阶段转移到生产阶段，它是代码和流水线成熟度的决定指标。失败的部署显然是组织需要了解的事情，而监视可以帮助组织了解部署失败。将部署失败率记录为百分比也很重要，这可以让组织了解部署失败的频率，成熟的组织希望大容量部署的失败率低于5%。

8. 环境资源调配时间

当使用基础架构作为代码(Infrastructure as Code，IaC)部署环境时，就像测量部署持续时间一样，环境资源调配时间允许组织了解部署环境所需的时间。在具有大量微服务的环境中，这是一个很好的指标，因为随着部署更多微服务，组织将能够看到缩短资源调配的时间。

提示：随着组织逐步成熟，了解组织的发展历程是非常有用的。从一开始就跟踪此指标可以方便查看组织正在取得的进展。

现在，让我们看看与质量相关的一些指标。

3.1.2 通用质量衡量指标

正如我们前面讨论的，测量稳定性很重要，其次是质量。组织可以有一个很高的生产速度，这意味着工人正在以一个很快的速度工作，但质量可能会因此受到影响。这不是组织想要的场景，因为低质量会侵蚀员工对组织正在做什么和如何做的信任。以下是在组织中使用的一些常见质量指标。

- 缺陷密度；
- 缺陷老化；
- 代码质量；
- 单元测试覆盖率；
- 代码漏洞；
- 标准；
- 缺陷再引入率。

现在我们了解了可以使用的质量指标，让我们更详细地了解它们的含义。

1. 缺陷密度

有几种不同的方法可以测量缺陷密度，最常见的方法是计算每 1 000 行代码中的缺陷数。使用此指标有助于 Sprint 规划。随着时间的推移，组织可以使用此度量来估计从一个 Sprint 到另一个 Sprint 可能出现的缺陷数量。

随着集成开发环境(Integrated development environment，IDE)和自动化工具的采用，组织可能很难识别代码行，但缺陷密度仍然是一个重要的指标，因为大多数开发工具将能够克服这一限制。

提示：缺陷密度的计算是发布的缺陷数/代码行(LOC)。请注意，这是在特定版本上，而不是在整个代码库上。

2. 缺陷老化

这是一个很有价值的度量标准，它只是度量缺陷被添加到待办事项和当前日期之间的时间，其前提是缺陷仍然存在。当涉及到技术上的待办事项时，跟踪这一指标非常重要。它允许组织了解在解决缺陷之前，组织平均将缺陷保留多长时间。

3. 代码质量

当我们谈论代码质量时，很容易认为我们谈论的是违反标准的数量，但我们将讨论这个指标是作为组织可以使用的另一个质量指标。在本文中，当我们谈论代码质量时，我们指的是应用程序的整体环境，这可以表示为整个应用程序的百分比。此度量的降级部分是违反代码质量的次数，由组织所使用的任何编程语言的可用规则集定义。

4. 单元测试覆盖率

单元测试覆盖率是以百分比来衡量的。它涵盖了由开发人员编写的单元测试所涵盖应用程序的百分比。在测试驱动部署(Test Driven Deployment，TDD)环境中，测试是在功能代码之前编写的，80％的单元测试覆盖率为绝对最低限度。

5. 代码漏洞

扫描代码中已知的漏洞是良好安全实践的一个基本方面。因此，了解各版本的漏洞数量是一个关键指标。在编写新功能或修复其他功能时，可能会在应用程序的其他区域引入漏洞。跟踪此指标对于确保组织遵循良好的安全实践非常重要。

6. 标　准

静态分析工具可以详细查看源代码，并突出显示不符合标准的代码区域，这些标准通常是由编程社区或专家制定的。但是，有些工具允许组织为标准设置自己的规则，此度量为组织提供了有关开发人员如何按照标准基线进行开发的信息和指导。

7. 缺陷再引入率

这个指标跟踪开发人员本地测试的有效性，我们用这个指标来衡量为破坏其他功能并导致出现其他缺陷的缺陷数量，这个度量也被称为缺陷泄漏。

最后，让我们看看稳定性的常用指标。

3.1.3 通用稳定性度量

稳定性至关重要，就像质量差会侵蚀组织内部和客户群内部的信任一样，稳定性差也会如此，没有人希望使用不稳定的产品或平台。通用稳定性指标可用于帮助组织了解发生了什么以及它如何影响稳定性。以下指标可帮助组织衡量产品稳定性：

- 平均恢复时间(MTTR)；
- 部署停机时间；
- 更改故障率；
- 每次部署的事件数；
- 未经批准的变更；
- 修补程序数量；
- 平台可用性。

现在让我们更详细地了解这些常见的稳定性指标。

1. MTTR

这个指标比测量可用性更强、更有用，尤其是在云存储方面，平台的可用性比传统数据中心环境更不受个人的控制。MTTR 是指从系统或产品出现故障到重新可用的时间。随着时间的推移，组织希望看到的这个指标随时间而减少。

2. 部署停机时间

这个指标是指在部署期间应用程序或产品不可用的平均时间。组织可以将其作为一个月或 Sprint 中总体可用性的百分比来进行衡量,也可以衡量特定的时间段。

3. 更改故障率

正如我们前面所讨论的,组织使用变更管理、承认失败,并将变更失败率作为已实施变更的百分比来衡量是很重要的。这可能是进行变更的管理团队已经测量过的,但建议组织为 DevOps 团队进行具体测量。

4. 每次部署的事件数

要了解发布对用户社区的影响,没有比跟踪每次部署引发的事件数更好的指标了。像 ServiceNow 这样的渠道能够将发布与事件链接起来,因此很容易看到事件归因于哪个发布,这可以作为一个 bug 返回到待办事项中。

5. 未经批准的更改

任何良好的变更管理功能都将记录平台上未经授权或未经批准的变更数量。其中一些可能是紧急发布,等待补充授权,其中一些可能是真实的,可以从中学到很多知识。

6. 修补程序的数量

衡量组织进行部署的数量以及它们完成的速度是很好的,但是组织发布的 bug 修复或修复程序的数量又如何呢?是否寻找适当的措施来减少这一数量也是成熟和不成熟 DevOps 组织之间的一个关键区别。

7. 平台可用性

这是一个典型的度量标准,用于测量平台的可用时间,表示形式为百分比。在最基本的形式中,百分比越高,平台的可用性就越高。一些组织有信贷计划,以补偿未超过合同约定的可用性阈值的客户。

到目前为止,我们已经了解了可用于衡量 DevOps 成功与否的常用指标，但我们如何将这些应用于有意义的场景中，以及应该关注什么样的基线目标呢？下面的章节将对此进行讲解。

3.2 为团队设计指标

现在我们已经了解了 DevOps 中涉及的关键指标，接下来重要的是了解这些指标可以在哪里使用，以及在哪些场景中使用。在一个组织中，如果跟踪太多的指标可能会适得其反。

知道使用哪些指标取决于许多不同的参数，我们现在将看一些示例场景以描述 DevOps 转换的目标是什么，并查看有助于其确定成功的指标。

3.2.1 场景 1——拥有专门 DevOps 团队的小型组织

对于小型组织来说，它们之间的一个共同点是它们能够变得更加敏捷，并打破团队之间存在的孤岛。较小的团队允许更快的反馈循环和更短的周期时间。事实上，大多数小型组织的孤岛数量总体上较少，有些可能没有孤岛。

在这个场景中，让我们假设组织中有一个专门的 DevOps 团队，由 6 个人组成。该组织只运行一个产品，以软件即时服务（SaaS）的方式销售给客户。

在本例中，交互非常简单。由于组织的规模小，团队能够很好地协作，角色和职责得到了很好的定义。与大多数这种规模的组织一样，随着他们的壮大，出现了初期问题。例如，由于执行压力而导致的质量下降。

对他们来说，关注稳定性和质量很重要，以确保高质量带来更好的稳定性。现在让我们看一下他们可以使用的 4 个指标及其原因，如下所示。

- MTTR——了解恢复应用程序平台所需的时间至关重要，组织需要考虑平台在未来需要如何发展。随着平台的增长和扩展，这一点非常重要，在这里发现的信息可以带来体系结构的改进，从而缩短平均恢复时间。

- 平台可用性(>99%)——提供合同激励以保持平台保持可用，这可能有助于提高稳定性，但需要注意的是，这也可能对团队造成不必要的压力，并使问题变得更糟。简单地测量和讨论导致停机的原因，以及如何长期解决停机问题会更有成效。
- 单元测试覆盖率(>80%)——确保良好的测试覆盖率非常重要。由于该组织存在高级别的缺陷，确保良好的单元测试覆盖率将确保执行更好的测试，并确保代码按预期执行。
- 缺陷密度(<1/1 000 行)——该组织发布的版本以前出现过问题。了解缺陷的密度将有助于他们更好地规划，了解问题在发展过程中的位置以及哪些问题会转化为缺陷。

现在让我们看看一个拥有倡导团队的中型组织的场景。

3.2.2 情景 2——具有倡导团队的中型组织

对于这种情况，组织有独立的运营和开发团队，他们正试图在倡导团队的帮助下更好地合作。他们的目标是在继续他们日常工作的同时，使用不同的技术促进他们之间的合作和沟通。

如前一章所述，在 Sprint 团队中，倡导团队没有被赋予具体的可交付任务，而是被赋予推动 DevOps 最佳实践并帮助团队实现为设定目标的任务。

对于一个中等规模的团队来说，稳定性和质量对他们的发展很重要，但速度也很重要。随着时间的推移，团队需要对他们的表现有一个全面的了解，以便在他们变得更成熟时进行调整。让我们看看该团队可以用来跟踪其绩效的指标，如下所示。

- 订货交付时间——跟踪交付周期使他们能够了解从分配积压项目到交付的使用时间。这有助于团队更好地规划未来,给出适当的估计,并帮助确定流程中可以简化的领域。
- 交付周期——了解从工作开始到发货的平均时间也可以帮助团队改进评估和计划,随着时间的推移提高交付以提高客户满意度。
- 单元测试覆盖率——作为 DevOps 的一个新团队,拥有高质量的代码很重要,但了解现在的处境更为重要,这有助于突出由于缺乏高质量的单元测试覆盖而继承的技术债务量。
- 代码质量——与单元测试覆盖率类似,该指标将帮助团队了解与开发人员的技能差距可能存在的地方,并针对问题区域进行改进。
- MTTR——稳定性很重要,了解恢复服务所需的时间也很重要。团队的这些信息反馈到他们的改进周期中,可以再次帮助他们改进。
- 部署停机时间——DevOps 的任何新团队都需要了解其工作在发布期间的影响。测量发布的停机时间有助于改进未来的自动化过程,甚至可以从手动部署转移到自动化部署。

现在让我们来看一个大型组织场景,其中有许多 DevOps 团队。

3.2.3 场景 3——拥有众多 DevOps 团队的大型组织

一个拥有众多不同规模 DevOps 团队的大型组织,需要确保每个团队专注于他们自己的目标是非常重要的。但是,业务的总体目标必须保持在视线范围内,并且,指标可以帮助组织跟踪目标。

对于这种情况,大型组织希望全面提高开发和发布的速度。当然,正如我们在本章前面所讨论的,这不能以牺牲稳定性为代价。

从 DevOps 的角度来看,他们面临的挑战是改变多年来一直以传统方式进行的工作方式，其中就存在着一些繁文缛节，使得流程改变变得困难而缓慢。

现在，让我们看看他们可以使用哪些指标来确保实现更广泛的速度提升，同时关注稳定性，如下所示。

- 订货交付时间——了解待办事项的处理速度非常重要，尤其是在团队希望快速转向和改进结果的环境中，这可以帮助组织了解在确保流程精益方面需要做什么。
- 部署频率——如果目标是提高发布节奏，则必须使用此指标。组织可以了解部署的频率，并结合此处的其他指标进行部署。组织需要确保这不仅仅是一个数字，而是一系列高质量的发布。
- 变更失败率——错误时有发生，特别是在快速变化的环境中。我们可以使用此指标来帮助所有团队了解他们正在进行的发布是否具有高质量，这不仅是在功能方面，还是在更改部署方式时遵守现有的更改管理策略。
- 修补程序的数量——可以发布修补程序，它们是软件开发生命周期的主要部分。跟踪修补程序的数量可以帮助团队了解稳定性，也可以同时评估质量。在寻求快速变化的环境中，这是一个非常有用的指标，但正如前面所讨论的，错误可能会发生。

提示：在这些类型的组织中，很容易出现团队各自为政的情况。就总体目标而言，将它们缝合在一起是一件棘手的事情，但找到共同的指标可以帮助改善这一点。团队可能具有相同的指标，但领先和落后的指标可能因产品或敏锐度而异。

现在让我们看看另一个小型组织场景，这次是一个外包的 DevOps 团队。

3.2.4 场景 4——具有外包 DevOps 团队的小型组织

对于一些希望从采用 DevOps 带来的好处中获益的小型组织来说，可以使用外包团队，使专业的第三方团队能够与该组织合作以实现更多目标。

这可能有助于交付、执行 Agile 方法或者支持环境，并作为整个解决方案的一部分提供自动化。第三方可以以多种方式提供服务，根据组织的规模及其要求，可以改变第三方参与的范围。

对于小型组织来说，外包团队的一大任务是提供更高级别的自动化，尤其是测试。这将真正帮助小型组织在使用 DevOps 的情况下继续前进。

现在让我们看一下小型组织可以用于该团队的指标，如下所示。

- 测试自动化覆盖率——由于团队规模，他们将测试自动化外包。使用此指标查看所提供自动化测试的覆盖率，并随时间增加此数字。
- 部署失败率——部署失败率有很多关注点，但该团队决定关注失败的测试。使用此指标将帮助团队了解失败的原因、失败的频率以及失败的原因。
- 部署停机时间——与上述指标类似，跟踪部署中的停机时间有助于与第三方交互。这可以帮助组织在进行更多工作的同时，改进组织内的 CI 和 CD 管道。
- 平台可用性——了解第三方如何在组织环境中工作至关重要。了解平台的可用性是必要的，当他们犯错误导致停机时，把它们保存起来是组织需要考虑的事情。这需要妥善处理，不要有咄咄逼人的语气，要有一种共同努力改进而不是惩罚的态度。

在这 4 个场景中，组织可以使用各种不同的指标来衡量自己；然而，这并不意味着某些指标比其他指标更差。归根结底，这取决于组织要衡量的是什么，以及组织要衡量的是需要整体提高的部分。

现在，我们已经了解了组织可以在不同场景中使用的各种指标，如场景3中所示，当有多个团队在工作时会发生什么？组织如何确保以适当的级别进行报告？让我们看看下一节中的答案。

3.3 在组织层级创建汇总

无论是否在组织中使用 DevOps，清晰的沟通是成功的关键之一。在沟通关键绩效指标（KPI）时也是如此。

我们必须确保向组织内的领导者提供清晰、简洁的数据，并能正确反映组织内的绩效。在 DevOps 中，尤其是在组织范围内交流进展时，必须解释这些指标对更广泛的业务意味着什么，因为这些指标的含义和表现并不明显。

提示：尽量用清晰的措辞向领导进行解释，将它与他们理解的东西联系起来要比在高管会议上面对如何衡量它、为什么要衡量它等问题更容易。

DevOps 中的另一个关键因素是理解并非所有团队都是一样的，尤其是在测量速度时。即使从内部来看，当团队交付非常相似的东西时，他们作为一个团队的工作方式和运作方式意味着两个团队的速度不太可能是一个可比的指标。

出于这个原因，我永远不会建议使用简单的指标来比较团队，团队可以在内部使用此指标来查看他们在规划分配给他们的工作时的效率，并在整个 Sprint 过程中使用前一个 Sprint 的输出来查看他们的表现，以及他们在规划方面可以做得更好的地方。

提示：如果组织使用需求点来衡量已完成用户需求的速度，请不要在执行仪表板上公开此指标。

1. 当多个团队在一个产品上工作时的报告

如果组织有多个团队处理一个产品，并且每个团队负责产品的不同部分，那么创建汇总非常简单。与任何项目一样，组织将根据计划报告总体进度。

每个团队可能都在处理来自不同业务分析师的各个特性和需求，但他们将为一个共同的目标而工作，并与之保持一致。因此，组织需要了解最终目标是什么样的，并从中创建衡量该目标的指标。

这种风格可被称为高管记分卡，有时也被称为业务记分卡。它列出了关键绩效指标，表明组织是否在通往成功的道路上，或者是否有拦路人挡着组织的路。

2. 多个团队处理多个产品时的报告

当有多个团队处理多个产品时，组织可以采用与前面所述类似的策略，将每个产品团队视为一个团队，并创建反映该团队在该产品上所做工作的报告。

记住前面的讨论：没有两个团队是一样的，不管他们是在同一个产品组中还是不同的产品组中。注意不要在不同的产品中比较团队，即使他们正在处理相同的交付成果。

多个产品可能完全不相关，在这种情况下，创建将性能提升到更高级别的报告是没有任何意义的。

例如，如果组织的产品通过更高层次的市场营销相互关联（可能组织有一个由众多产品组成的总体产品），那么请尽可能将报告与该最高级别的要求保持一致。

这是整个业务部门都能理解的最高级别，因此，在报告我们在本章前面讨论的速度、质量或稳定性指标时，请确保它们与组织能够达到的具有实际意义的最高级别相关。

3. 创建 S. M. A. R. T. 目标

为产品创建目标或从执行层获取目标，然后将其分发给团队，使其成为更具可操作性的工作，这可能是一项艰巨的任务。

在组织的部门内，可能需要在不同团队之间将更高级别的目标分解为更易于管理的目标。这就是与 DevOps 协作和交流的开始。当一个较大的目标被划分为多个较小团队的目标时，合作并相互交流对于确保完成基本任务至关重要。

在商业世界中，设定可测量和可实现目标的一个常用工具是使用 S. M. A. R. T 方法。如果你以前没有听说过这个东西，以下就是它的含义。

- 具体(Specific)；
- 可测量(Measurable)；
- 可完成(Achievable)；
- 可实现(Realistic)；
- 及时(Timely)。

S. M. A. R. T. 目标有不同的版本，但我更喜欢这些定义。这意味着要设定一个合适的目标，必须回答以下五个问题：

- 到底想做什么？
- 如何知道何时到达？
- 目标是否在力所能及的范围内？
- 实现这一目标是否现实？
- 希望何时完成目标？

我以前多次使用过这个方法，我们可以从 Mind Tools 中找到更多关于这个方法的细节。

一个简单的例子是，我们希望接受特定工具的培训，例如，我想了解如何在 Azure DevOps 中创建管道，我们现在如何实现这一目标？以下是具体方法。

- 具体——我想学习如何在 Azure DevOps 中使用 YAML 非标记语言创建管道。
- 可测量——能够创建工作管道来部署应用程序 X，而无需主题专家

(Subject Mattre Expert，SME)的帮助。

- 可完成——我需要学习如何构建基本管道,然后了解我们自己的流程,以便我可以学习添加到管道中以完成构建的适当项目。
- 可实现——通过使用在线视频、与专家合作,以及参加在线课程,我能够实现这一目标。
- 及时——我将在 6 个月内实现这一目标。

当我们使用此处所示的模型时,可以清楚地了解自己试图实现的目标、计划如何实现这些目标、需要实现哪些目标,以及最终实现的目标时间。

在一张表格中,可能有多行描述的各种目标,可以使用步骤来描述实现目标的方式,关键是把它写在纸上。

3.4 总 结

在本章中,我们介绍了可以用来衡量 DevOps 成功与否的一些最常见的指标,并介绍了如何确保定义成功的重要性;我们查看了不同团队的一些场景,重点介绍了可用于跟踪其成功的指标;最后,我们研究了如何确保在组织层面跟踪,而不是过于关注单个团队。

DevOps 最大的挑战之一是衡量成功,使用本章中学习的技能,可以实施有意义的目标和指标来衡量组织的成功。

在下一章中,我们将探讨如何在 DevOps 中构建文化,以及如何打破组织中的孤岛以获得最大效率。

第二部分

开发和构建成功的DevOps 文化

文化是 DevOps 的关键，这一部分介绍如何建立、培育和发展成功的 DevOps 文化。本书的这一部分包括以下两章。

第 4 章建立 DevOps 文化与分解壁垒。

第 5 章避免 DevOps 中文化冲突的反模式。

第 4 章 建立DevOps 文化与打破壁垒

在本章中，我们将了解文化在 DevOps 中的意义，以及如何构建成功的 DevOps 组织内部的文化，以及为什么文化是 DevOps 的一个重要方面。我们将介绍 DevOps 文化的特点，如何在组织中保持强大的文化，以及如何打破组织中现有的壁垒。

在本章中，将介绍以下主题：

- 什么是 DevOps 文化？
- 为什么 DevOps 文化很重要？
- 保持强大的 DevOps 文化；
- 分解组织中的壁垒。

4.1 什么是 DevOps 文化

在前几章中，我们讨论了一点文化，现在，是时候深入地了解文化更多的细节了。文化有很多含义，但对于 DevOps 来说，当我们谈论文化时，实际上是在谈论开发和运营团队之间的共同理解，以及他们构建应用程序时的共同责任。这大致可以概括为以下几点：

- 提高透明度；
- 更好地沟通；
- 跨团队协作。

不管有些人怎么想，DevOps 的功能远不止技术。DevOps 不是工具或在组织中使用的平台的技术演变。

DevOps 的文化也不允许团队定义自己的使命，DevOps 的文化是关于合作的。实施这些事情可能会让人害怕，但我想讲述 4 件事，这 4 件事可以帮助我们实践这些，并在组织中建立正确的文化。

我们将要介绍的所有内容都将有助于前面的要点，并帮助组织培养正确的文化。

4.1.1 角色和责任

为团队定义非常明确的角色和职责有助于创建强大的文化。它防止人们对自己应该做什么感到迟疑，并确保每个人不仅知道自己在做什么，而且知道每个人的角色对整个团队的重要性。

将团队包括在此课程中，是一次非常有成就感的经历，这将与团队建立了一个共同的约定，因为每个人都参与了团队角色和责任的开发。如图 4.1 所示，这是角色与责任研讨会输出的示例。

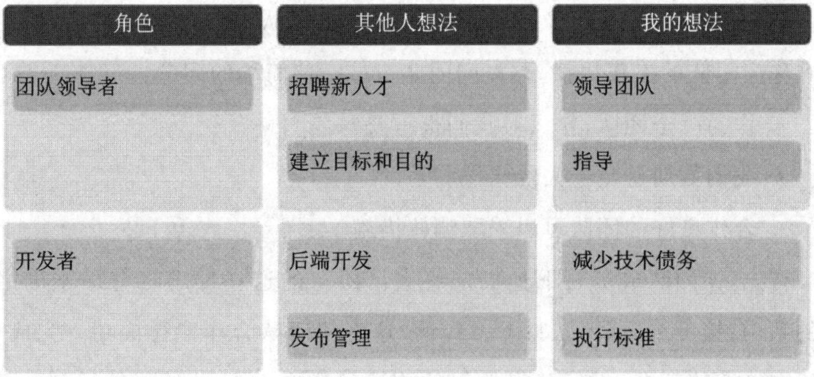

角色	其他人想法	我的想法
团队领导者	招聘新人才	领导团队
	建立目标和目的	指导
开发者	后端开发	减少技术债务
	发布管理	执行标准

图 4.1　角色和职责矩阵示例

使用图 4.1 的示例，在团队的帮助下，定义组织中的角色，然后完成团队其他成员认为该角色应该承担的职责。

提示：如果团队远程工作，请将其转换为 Word 文档并共享，以便团队可以协作编辑。

完成这一步后，与团队一起讨论你的想法，并就责任达成一致。你甚至可能会发现自己将他们转移到了另外一个角色上面，但是这没关系，只要确保团队达成一致就可以。课程结束后，首先确保与团队分享，确保不再需要反馈。一旦每个人都完成了，通知其他领导这是自己团队的工作方式。

这种高度协作的方法在团队中创造了一种牢固的关系，这种关系很难被打破，并且会让你成功。

4.1.2 参与规则

这听起来像是一个军事术语，但这其实是一次在未来可能会被证明是有价值的练习。应该将此每季度更新一次的练习的输出视为与团队的契约。

参与规则定义了团队成员将如何合作。如果你是跨职能团队中的一员，那么在流程的早期定义这些规则可以防止团队中出现紧张情绪，也可以将其称为团队的工作协议，首先问团队成员一些简单的问题：

- 作为一个团队，什么对我们很重要？
- 我们如何避免过去的错误？
- 合作良好的团队可以采取哪些措施？

首先，让团队成员写下他们的答案。团队的这一反思将有助于确定会议的基调；接下来，请团队写下一句话，这将使团队合作取得成功。完成后，将所有答案整理在一起，并将类似的陈述组合在一起。如果有一个少于五个人的小组，请他们每人写下两个陈述，然后对作为一个团队的想法进行投票。投票的想法是合作，结果是在协议中写下承诺。如果一个想法被投了反对票，只需询问如何才能使其成为“是”，然后看看团队是否同意。

提示：定期跟进与团队达成的协议，把它放在团队经常访问的地方，这样他们就会想起集体同意的内容。

关键是促进与团队的公开讨论，让他们思考如何成功合作。保持团队的开放、诚实，最重要的是尊重他人。

4.1.3 回 顾

如果你使用敏捷方法，可能已经习惯了运用回顾。这项技术的重点是在每次 Sprint 后让团队聚在一起，并详细讨论这一次 Sprint。与 Scrum 大师一起，团队将查看这一次 Sprint 的成绩，以及没有按计划进行并且可以改进的地方。

回顾的氛围是一种促进持续改进和学习的氛围。它被认为是一个安全的空间来讨论什么在起作用，什么可能不起作用，什么可以改变。回顾通常在每次 Sprint 后进行。

对于较大的组织，可以每月由运行每个团队的领导一起讨论 DevOps 的采用情况。就像 Sprint 回顾一样，领导之间讨论什么是有效的，什么是无效的，以及他们将如何改变 DevOps 转换。

进行回顾的技巧很简单。快速搜索将发现许多不同的回顾方式，个人应该不时改变回顾方式以保持团队参与度。我发现作为一名领导者，他们非常有价值，为他们做准备根本不需要时间。个人应该留出大约 1 小时的时间进行回顾，也可以很容易地在线进行回顾。

如果是在办公室里完成回顾，那么请确保有一块白板和一些记号笔，还有便笺和一个计时器，并且放在容易看到的地方。

如果正在进行远程回顾，可以使用软件让人们将虚拟便笺放在适当的标题上。对于面对面会议，可以设置 4 个不同的区域供人们放置便签。

现在，为了进行一次非常简单的回顾，我们需要做一些适当的时间安排。

- 准备(15 分钟)：无论是在线还是面对面，设置 4 个问题：什么进展顺利，什么进展不顺利，在什么方面我们可以做得更好，最后有一个关于行动的问题。
- 基本规则(5 分钟)：花几分钟的时间解释和制定基本规则。每次回顾的关键是要记住评论而不是针对某个人；每一条评论都是有效，所以要虚心倾听。确定要讨论的时间段(最后一个 Sprint、月或季度等)，并专注于改进，而不是指责。
- 什么进展顺利(15 分钟)：写下并放在适当的标题上，或者制作一张带有个人想法的数字卡，记录上一个时期的进展情况。
- 什么不顺利(15 分钟)：写下并放在适当的标题上，或者制作一张带有个人想法的数字卡，说明自己在上一个时间段中遇到的问题。
- 我们能做得更好吗(15 分钟)：写下并放在适当的标题上，或者制作一张带有个人想法的数字卡，说明与前一时间段相比可以做得更好。
- 行动(10 分钟)：从回顾中捕捉所有行动。如果你在进行虚拟工作，请确保拍摄结果或截图。讨论提出的想法，并分配跟进责任。

提示：如果你最终采取了大量的行动，那么使用投票系统选出作为一个团队来优先考虑所有的立即采取的行动。

既然我们了解了什么是 DevOps 文化，那么现在就有必要了解这种文化的重要性。

4.2 为什么 DevOps 文化很重要

我总是喜欢将文化描述为 DevOps 的支柱。把 DevOps 想象成一棵树，把人、流程和技术作为分支，但它们都是通过文化联系在一起的。

我与不同组织一起在 DevOps 及其关联工作的几年中，我所做的所有工作都教会了我——你可以拥有世界上最好的流程、最好的工程师和最好的技术来支持它，但是如果你没有最好的文化，也不想改进这种文化，那么这一切都是徒劳的。

在本章前面，我们列出了 DevOps 文化的三个重要方面。

- 提高透明度；
- 更好地沟通；
- 跨团队协作。

为了理解为什么文化是重要的，让我们更详细地看看这三个方面；然后，我们就可以构建一幅文化为何如此重要的图景。

4.2.1 提高透明度

透明度在业务的许多方面都是至关重要的，但随着层次结构的进一步深入，透明度可能会被稀释，但这不是故意的，这是因为团队的工作方式和以往的工作方式不同造成的。这通常不是某个人的过错，而是整个组织的文化漂移。

开发团队在组织中发布软件通常面临着巨大的压力，这可能会导致这些团队在涉及到由运营部门主导实施项目时走投无路。这一点从根本上导致了团队之间的紧张关系，因为开发人员现在拥有非标准的基础设施，并且以 Ops 无法控制的方式使用 Dev，这一切都导致了我们所谓的“Shadow IT”。

你会发现，许多人将公共云服务视为缺乏透明度的原因；然而，早在讨论公共云之前，缺少透明度就已经成为一个问题。事实上，正是自助服务的时代让情况变得更糟，其实这种情况在自助服务或公共云之前就已经发生了很长一段时间。

如果开发人员从自助服务门户请求虚拟机的话，那么操作团队将仅使用操作系统部署该基础架构，在这一情况基础上，他们的运营将不再深入了解基础设施。

个人也可以对公共云发表相同的意见，因为这是许多组织中发生的情况，当开发人员对操作性能表示不满时，就会发生这种情况。他们会去找公共云提供商，自己承担服务费用。

然而，这种方法的三个主要缺点是什么？

- 验证是否符合标准；
- 基础设施利用率和效率低；
- 成本控制难。

几乎所有组织都将成本控制作为一个问题，但这意味着什么？现在我们来看一些提高透明度的方法。

1. 验证是否符合标准

随着基线操作系统的交付，或对于云本机资源来说，该资源的基线配置、部署的应用程序，以及部署在虚拟机上的任何数据库实例在大多数组织中都有具体的标准。

对于一个运营团队，当我们对服务器上部署的内容视而不见且控制能力有限时，就会失去安全态势，最终不知道应用程序和开发工具是否进行了安全修补。

在运营团队不知情的情况下，直接在云供应商处消费，可以说是完全相同的情况。

2. 基础设施利用率和效率低

如果开发人员在有限的权限下构建了 10 台机器，那么运维会不知道这些资源是否得到了充分利用，何时被利用，是否可以在工作时间之外关闭，或者是否申请了特殊的许可。

这些决策，或决策的缺乏，可能会对容量规划以及未来扩展平台和构建关键服务的能力产生影响。

3. 成本控制难

最后,如果组织走独自开发这条路的话,开发者不太可能意识到云供应商的好处,比如一个可扩展平台的好处,以及一个云平台所能减小整体支出的好处。

超出主预算的支出会对企业及其在不受干扰的情况下运营的能力产生不利影响。

4.2.2 更好地沟通

我们刚才讨论的一些事情也很自然地会导致更好的沟通,想象一下开发人员和操作人员能够更好地相互沟通的场面。从基础架构的角度来看,开发部门可以与运营部门合作,开发符合其需求的模板,运营部门可以向开发部门说明为业务安全而实施的控制措施。

然后,这种相互理解就变成了工作实践,开发人员可以及时地获得基础设施的构建,并且控制关键运行。

更好的沟通可以帮助组织建立文化,但上面不是唯一的办法。组织可以通过多种不同的方式提高沟通效率。

- 运维参与 Sprint 规划;
- 开发人员参与产品发布;
- 运维参与开发 Sprint 工作;
- 开发人员参与运维。

这些例子可能看起来微不足道,但它们会对相关人员的总体体验产生真正的影响,并让他们思考自己的工作。随着时间的推移,这将有助于改善沟通。

1. 运维参与 Sprint 规划

从运维团队那里听到的一个经典反馈是,开发人员很少考虑运维环境,并且没有考虑运维面临的挑战、问题和请求。

我们在第 2 章“DevOps 的业务优势，团队拓扑和陷阱”的“变换拓扑”一节中讨论的模型之一就是讨论了如何将运维和开发更紧密地联系在一起。在第 1 章“介绍 DevOps 和 Agile”中，我们还讨论了 Agile 如何在 DevOps 中发挥作用。当组织开始转向敏捷工作，接近我们探讨的一种转换拓扑时，组织将开始让运维人员与开发人员更紧密地合作。

提示：当运维部门参与规划时，应在 Sprint 工作开始之前，这样他们就有机会表达对开发人员可能没有考虑到的专业领域的任何问题的担忧。

尽早开始这一过程可以带来真正的好处。一开始，这将是一个棘手的问题，对于那些以前没有以这种方式工作过的人来说，这可能会让他们觉得不自然，但坚持下去，结果就会很清楚。彻底改变人们的工作方式会给他们带来挑战，也会遇到阻力。

2. 开发人员参与产品发布

对于许多组织来说是开发人员将编译后的应用程序发布到生产环境中。尝试让开发人员参与产品发布。

提示：我们希望运维和开发之间的对话是真实和透明的。如果事先通知两个团队该流程中的变更，则可能会让双方提前准备。我们需要让运维团队进入正常状态，并允许实时反馈。

这样做的好处是，开发人员开始理解，并认可应用程序的每个版本都需要完成的工作。

3. 运维参与 Sprint 工作

用与之前类似的方式，改变这一点，让运维团队在与开发人员的 Sprint 过程中做一些工作。他们不仅会产生对开发过程的欣赏和理解，而且还会发现他们可以在 Sprint 的运维问题上做出贡献。

提示：这样做可能意味着在开发 Sprint 期间和发布之前解决运维问题，而不是发布之后出现问题而在团队之间造成更大的紧张。

在大多数情况下，我们会发现运维团队无法编写软件，因此我们通常会将执行的一些运营任务带入 Sprint，这不仅可以提高沟通能力，还可以开始协作。

4. 开发人员参与运维

正如前面提到的，让开发人员处理运维。这将使开发人员理解运维的重要性。

这种工作模式可以增加协作和沟通，并提供相互理解。现在，开发人员了解了停机期间会发生什么，监控如何工作，以及应用程序中的仪表如何影响操作流程，这将更好地改变应用程序的开发方式。

4.2.3 跨团队协作

我们说的协作到底是什么意思？在 DevOps 环境中，协作是一起工作和获得成功。协作对于任何业务都是必不可少的，当团队既多样化又全球化时，这一点就更为重要了。

从技术的角度来看，会发现很多可以使团队进行更多协作的工具。但当我们谈论协作时，我们如何定义协作，如何改进协作？

提示：协作工具可以提供帮助，但它们不是全部的解决方案，组织需要选择最适合的协作工具。

DevOps 内部协作的主要目标是减少存在的任何操作延迟，以及与地理位置分散的团队之间的沟通差距。这是 DevOps 中需要文化改变的部分。团队需要共享目标的定义和统一的团队工作方法，确定一套共同的目标可以为未来的工作关系打下基础。管理者和领导者也应该在他们的团队中创造一种激励、诚实、信任和尊重的文化，这让每个人都感觉自己是团队的一部分，并建立一种更牢固的纽带，并表明个人想要实现的目标。

清晰的前进道路也很重要，它定义了组织的成功之路，有助于实现组织设定的目标。道路应该清晰明了，避免任何歧义。定期检查，以及与团队讨论也有助于在组织取得进展时提供清晰的信息。

最后一点是关于多样性，这是关键。紧密团结的团队要求组织了解每个人以及他们的工作方式，甚至了解他们的文化和个人情况。在远程团队中，当人们在不同的时区、不同的文化和宗教中工作时，这一点非常重要。

现在我们详细了解了为什么 DevOps 中的文化对我们的组织很重要。让我们看看组织是如何保持和发展这种文化的。

4.3 保持强大的 DevOps 文化

既然已经花了时间在组织中建立文化，那么最不想看到的就是所有的努力都白费。保持迄今为止建立的文化非常重要，因此它将继续培养组织已经建立的良好实践。事实上，DZone 的一项调查研究发现 14％的人说文化是使用 DevOps 的障碍。

然而，与大多数事情一样，团队和业务的日常运营可能会对组织保持文化的强大程度带来许多威胁。有些事情甚至会产生负面影响，如下所列。

- 新手和离职者；
- 太过努力反而不能成功；
- 缺乏创新；
- 文化差异；
- 缺乏认可。

我们如何才能避免这些文化障碍？让我们看看下面的内容。

4.3.1 新手和离职者

在任何组织中，都会有新手和离职的人，这是任何业务中最常见的元素之一。希望在你创造的文化中，当人们离开时，意味着他们离开是为了更好的机会，是你的企业无法提供，而不是因为其他尖锐的原因而离开。

知道如何处理高绩效敏捷团队中的新手和离职者是 Agile 领导者必须始终要处理的事情。重要的是，领导者要以自己想要的方式开始新员工的工作。

这首先要确保有合适的人选，这说起来容易做起来难。由于我们已经与团队建立了开放的文化，因此请从团队中寻求关于新员工应该为团队带来什么的想法，好以合作的方式倾听，但也要准备好自己的想法。

提示：在面试过程中，让团队成员也参与进来，以验证对个人属性的看法，以及他们能为企业带来什么。

当涉及到离职的人员时，遵循已有的实践，确保当团队成员离职时，他们不会在现有工作上留下很大的漏洞。当然，人们经常与同事成为好朋友，成员的离开对团队的情感影响比其他任何事情都大。

请注意，这种情绪影响可能会影响生产率和质量。一个团队合作的时间越长，他们在一起的节奏就越好，当这种节奏被打破时，就会对团队产生影响。

尽快更换团队成员，以减少任何影响。团队中的新人通常能给大家带来新的想法，给团队带来新的活力。

当团队人员有重大变化时，请参考本章讲到的角色和职责练习。在员工离开之前，进行一次回顾。如果仔细想想，那个人的离开是一个关键的时刻，一个可以被时间限制的时刻。从更广泛的角度了解哪些有效，以及哪些无效，哪些可以改进。

4.3.2 太努力反而不能成功

当为建立一种文化付出了很多努力，并看到了积极的结果时，我们就会陷入一种心态，这种心态会让自己过于努力而无法获得更多的成功。作为一个团队或个人，其中任何一项都会对其目前所做的工作产生不利影响，需要密切关注。

要注意这一点的简单原因是，当我们开始努力争取成功时，我们可能会回到过去的方式，抄近路以获得更多的成功。但是，我们要坚持自己的立场，不要过度投入自己无法交付的工作，并在习惯地基础上继续产生结果。

提示：随着个人的进步，遵循持续反馈和持续改进的过程将获得更多的成功，顺其自然，不要强求。

如果这样做，我们会发现成功是自然而然的，因此不需要强迫自己或团队去做来获得更多的成功。

4.3.3 缺乏创新

高绩效团队的一个特征是他们的创新能力。具有创新能力的团队会一直渴望创新。实验和创新能力对任何企业的成功都至关重要。

注意创新的步伐是否会放缓，同时，其他团队会对你的团队创新设置障碍。这应该被视为一个危险信号来提醒你作为一个团队应该专注于解决阻碍自身创新的问题。

试着不要被阻碍分心，作为一个领导者，需要让你的团队继续正常工作。但是，不要与团队接触，也不要告诉他们不再能够创新。

许多 DevOps 专业人士因其快速创新和提出新想法的能力而与众不同。告诉他们不能做他们专业领域内的事情会损害整个团队和已经建立的文化。

4.3.4 文化差异

我们已经讨论过好几次远程团队,特别是那些地理位置分散的团队。我们之前也讨论了多样性及其所起的重要作用。

文化差异也指合作团队的文化差异。每个人都对组织内如何做事有一个理解。正如我们所讨论的,在研究反模式时,问题在于它们可能与一个团队想要做的事情不一致,这就是为什么 DevOps 现在存在的全部原因。

我们可以通过调整目标来对抗团队目标中的文化差异。这里的关键是一次又一次地坚持这样做,以确保团队紧密团结。当团队目标开始出现分歧时,就是他们重新开始以旧的方式运作的时候。

4.3.5 缺乏认可

除了缺乏创新,维持文化的最大障碍之一仍然是缺乏认同。你可能会想,为了达到这一点,自己已经做了艰苦的工作,高管们也已经接受了。当然,你是对的,但就像在自己的团队中一样,高管会发生变化,业务的优先级也会发生变化,业务交易环境也会发生变化。这是一种常见的情况,你需要确保领导者仍然相信自己正在做的事情、你这么做的原因,以及你迄今为止取得的成就。

提示:要认同,不要自满。领导者会发生变化,随着这种变化,人们会对如何做事产生新的想法。

为了克服这一点,请记下作为一个团队所取得的成功,并确保自己可以重复在 DevOps 上的旅程以展示成功是如何实现的。

正如你所看到的,不仅要建立文化,还要保持文化。确保自己已经学习了本节中分享的一些技巧和练习以保持团队中的文化。现在,让我们看看如何打破组织中存在的壁垒。

4.4 打破组织中的壁垒

在 DevOps 中，需要打破组织中特定团队之间的壁垒，从而产生文化。孤岛心态是由行为驱动的，可以通过多种技术加以解决。当团队独立运作时，会存在交叉活动或缺乏对他人工作的考虑，在这种情况下就会出现壁垒。

商业世界中壁垒的危险在于信任被破坏，沟通被切断，自满开始影响组织的日常工作。孤岛式的团队无法对变化做出快速反应，也无法利用当前的机会。最糟糕的是缺少透明，当团队之间无法自由共享数据时，就会影响组织针对团队或业务做出数据驱动决策的能力。我们将要讨论的下列事情可以改变这种困局：

- 为团队协作创建一个愿景；
- 利用协作工具实现共同目标；
- 共同学习、共同工作和共同培训；
- 经常沟通；
- 评估团队薪酬。

让我们更详细地看一下其中的每一条。

1. 为团队协作创建一个愿景

我们在前面讨论了为团队创建共同目标的重要性，以及他们应该如何共享一个愿景。如果一个团队的愿景与另一个团队的愿景完全分离，如果他们不朝着更大的结果前进，就将适得其反。

所有团队都应该分享、认同并采纳这一愿景。当设定了与其他团队冲突的目标时，壁垒心态就开始了，这意味着孤岛通常是由管理层创建的。领导团队在将统一愿景传递给团队之前，必须了解组织的长期目标、部门目标和关键举措。采用这种方法，统一领导团队将鼓励信任，创造一种授权感，并将管理者从我的部门思维转变为我们的组织思维。

2. 利用协作工具实现共同目标

壁垒心态的最大缺点是人们从自己的角度看待事物。当然，这并不总是一件坏事，但当这种情况发生时，人们会从自己团队的角度做出选择，而不是从公司的角度。

让每个人都关注共同目标最简单的一个方法是使用仪表盘突出显示朝着共同目标取得的进展，这是一种合作形式。当组织为员工提供高质量的协作工具时，人们自然会共享更多的信息，并因此更好地相互沟通。最后，当整个组织希望了解每个部门(有时是每个团队)以及他们每天面临的具体问题时，部门目标可以成为整个公司的目标。

3. 共同学习、共同工作和共同培训

根据经验，打破壁垒思维最简单的一个方法是进行跨组织练习和活动。这种培训可以真正帮助他们在了解组织中的其他人时打破壁垒。

合作也会产生巨大的影响。如果可行的话，可以考虑让人们坐得更近些。当人们与他人密切合作时，他们会建立融洽的关系；当工作中出现问题时，他们会向身边的人寻求答案，这会产生很大的影响。

具体的培训也是确保能够改变组织思维定式的关键途径，该培训包括支持协作、团队合作和沟通的理念。

4. 保持沟通

无论在何种情况下，沟通的频率都非常重要。当你经常沟通时，就会带来一定程度的信任和透明。

当团队感受到这种信任和透明时，数据就会在团队之间流动，这有助于打破壁垒，而不是希望仅通过一次沟通来打破壁垒。

组织结构是一个孤岛，一些组织尝试删除此结构以消除孤岛，但这并不总是有效的。在这种情况下，正确沟通比取消组织结构更有效，这对团队中

个人委派的职责来说很重要。

5. 评估团队薪酬

团队之间的竞争可能非常健康，但团队之间的薪酬计划可能会造成孤岛和不健康的关系，在这种关系中，竞争成为目标，而不是合作。

如果企业中有奖金或薪酬计划，请确保这些计划反映了组织所设定的目标，并且不要让团队相互竞争。

当薪酬计划和公司目标相一致时，员工就被驱使去合作、沟通和共同实现目标。

4.5 总　结

在本章中，我们了解了 DevOps 文化，并理解了文化在 DevOps 中的重要性。我们讨论了增加透明和更好沟通的必要性，以及保持强大文化的必要性。最后，我们讨论了在组织中打破壁垒的必要性以及这在 DevOps 中的重要性。

在下一章中，我们将探讨 DevOps 中的反模式，并讨论如何避免它们。

4.6 问　题

现在让我们回顾一下在本章中学到的一些知识：

1. 文化的关键支柱是什么？

   a) 角色和责任、参与规则和回顾

   b) 团队合作和协作

   c) 与同事和回顾者一起度过美好的社交生活

   d) 尽快完成工作，努力推动其他团队。

2. 如何在组织中促进更好的沟通？

a）让开发者休息一下。

b）让每个人都参加团队建设课程。

c）让开发人员执行发布。

d）让运营团队阻止所有发布。

第5章　避免DevOps中的文化冲突反模式

在了解了打破团队之间壁垒的具体挑战和理解DevOps中文化的重要性之后，在本章中，我们将探讨在DevOps中构建文化的挑战，特别是可能阻碍文化的反模式。这不是一项容易的任务，需要我们仔细规划和思考。在本章中，我们将介绍以下主题。

- 组织一致性；
- 变革阻力；
- 难以扩大规模；
- 过度关注工具；
- 遗留的基础设施和系统。

5.1　组织一致性

整个组织的一致性至关重要。在本章的后面，我们将讨论对变革的阻力，以及在没有明确愿景或目标的情况下，我们应该何时进行变革，这将在组织中面临很大的阻力，而一致性有助于减少阻力。

提示：提高竞争优势、增加收入、增加利润和降低成本只是更好地组织一致性所期望的一些事情。

组织一致性的成功始于回答“what”“why”和“how”，在每一步采取适当的措施有助于实现更好的一致性，如图5.1所示。

实现一致性从根本上讲是基于“what”“why”和“how”的三大支柱。

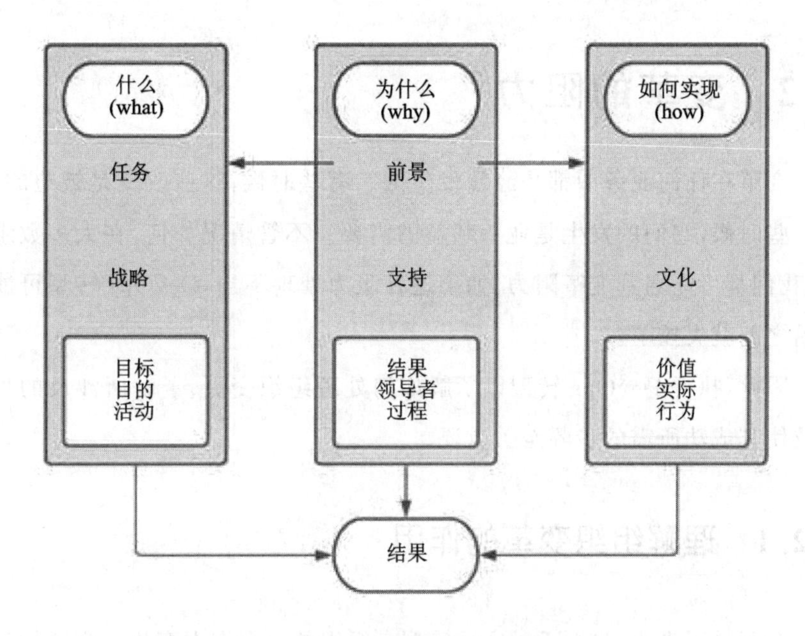

图 5.1　产生结果的组织一致性

“what”阶段围绕着确保任务声明得到明确定义的主题，战略也应该在这里定义。这是通过定义目标、目的和活动来实现的。一份公司使命声明就是一个定义的例子。

“why”用来定义愿景和帮助组织实现目标的支持结构。组织结构在这里很重要，领导作用和帮助个人实现目标的过程也很重要。例如，“我们的愿景是为许多人创造更好的日常生活”这可能是医疗组织的愿景宣言。

这就是组织的文化。文化是由定义价值观、业务中的实践以及我们期望在业务中的行为组成的。

把所有这些放在一起就是产生结果的原因。愿景还驱动“what”以及“how”。Simon Sinek 在他的课程中很好地解释了从“why”开始的概念。

这就结束了我们对失衡的影响以及它如何破坏 DevOps 转型的研究。现在，让我们看看变革的阻力对组织意味着什么。

5.2 变革的阻力

变革在任何业务中都是经常发生的。有些时候，这些改变是被迫的，而另一些时候，它们的发生是业务利益的需要。不管情况如何，在大多数组织中，我们都可能遇到变革阻力，如果这种阻力处理不当，DevOps 转型可能在开始之前就失控了。

因此，执行 DevOps 转型以了解如何处理组织变更、了解所涉及的角色以及使其成功所需的步骤至关重要。

5.2.1 理解组织变革的作用

对于员工来说，进行 DevOps 转型是组织的一个重大变化。当我们对组织的运作方式做出任何重大改变时，了解成功实现这一点的两个关键角色(管理和人力资源)的作用是很重要的。

1. 管　理

在这种情况下，领导力至关重要。为了避免员工对变革的处理方式感到不满意而离职，领导层和执行团队需要支持变革的提议。

管理者和他的团队之间从开始的一对一对话将有助于统一团队以及实现这些改变，这些对话至关重要。我们应该在一个开放的环境里讨论变化是如何影响他们的，以及他们对变化的看法。

作为管理者，我们应该询问关于 why、what 和 how 的问题。然而不幸的是，许多管理者并不精通组织变革的管理，这种技能的缺乏会使落实必要的变革变得困难。

为了提高这一领域的技能，人力资源应该为管理人员提供适当的培训，这对处理这种情况很有用，也可以作为管理人员在管理链上进一步发展职业生涯积累良好的知识。

2. 人力资源

在任何组织中,人力资源在实施任何规模的变革中都扮演着关键角色。人力资源可以为任何的改变提供沟通、实施和跟踪。人力资源的真正价值在于他们能够公正地与相关的员工讨论这些变化,企业为什么要做出这些变化,以及为什么员工对这些变化很重要。

提示:无论我们做什么,我们都必须确保从一开始就让人力资源部参与对话。只有当他们理解这些提议、我们为什么提议变革以及变革将如何惠及企业时,他们才能提供帮助。

人力资源可以通过支持组织变革,并为员工提供各种受影响团队所需的支持,来增加员工对组织变革的认同。关于这个主题,SHRM有两个很好的资源值得一看。第一个是*What is HR's role in Managing Change*,第二个是*HR Can Improve Employee Buy-In for Organizational Change*。

5.2.2 组织变革过程步骤

当组织经历变革时,为了取得成功,我们应该确保一个有条不紊的过程。确保可以与组织中自上而下的所有利益相关者合作以确保成功是很重要的。

让我们看一下在组织变革中取得成功的6个关键步骤。

1. 明确定义变更,并使其与业务目标保持一致

这步似乎很明显,但许多组织在这方面做得并不好。阐明我们正在进行的变革是一回事,但将其与组织目标和绩效目标进行比较则完全是另一回事。这一步很重要,因为与组织业务目标相一致的正确更改将使业务朝着正确的方向发展,这就是为什么我们首先要做出改变。

这一步骤的另一个好处是，它允许我们根据其将带来的价值来评估组织提出的变更，如果没有带来足够的价值，为什么要改变？

在此阶段，组织应提出以下关键问题，以确保其获得最大价值：

- 为什么需要改变？
- 我们需要改变什么？

让我们接下来学习如何确定变革对整个组织的影响。

2. 确定对整个组织的影响

当确定了我们想要做出的改变，并知道它具有真正的价值时，我们应该评估改变对组织产生的影响。

重要的是要理解变化不仅仅影响组织内的一个业务部门，而是会在整个业务中产生反响，并对每个人产生连带效应。这里收集的信息将有助于确定组织的哪些地方需要培训，以及哪些地方员工需要支持。

在此阶段，组织应该回答如下的一些关键问题。

- 变革将如何被员工接受？
- 变革的影响是什么？
- 变革对谁的影响最大？

现在，让我们学习如何制定强有力的沟通策略来传递组织的变革信息。

3. 制定强有力的沟通策略

关键要认识到每个人都是转型之旅的一部分。前两个步骤会告诉我们直接受到影响的员工的情况，这显然必须包括在任何沟通中。这里，透明度是关键，因此与整个业务部门的沟通应该是组织沟通策略的重点。

沟通策略应包括活动时间、想要使用的沟通渠道、想要用来呈现信息的媒介，以及如何以增量方式进行沟通。

在转型的这个阶段，应该问两个关键问题。

- 我们将如何管理反馈？

• 如何传达变革？

培训是变革经常被忽略的一部分。现在，让我们看看如何提供有效的培训。

4. 提供有效的培训

现在，组织的转型信息已经公开，我们了解了组织中存在的差距，员工需要知道如何培训，以及组织将提供什么样的培训。

这一点很重要，因为员工希望知道他们需要什么技能来履行将来变革下的职责。培训可以以在线学习、课堂培训、专家跟踪或辅导的形式提供。

要提供有效的培训，组织要提出以下问题。

• 哪种培训方法最有效？
• 成功需要哪些技能和行为？

通过变革支持员工至关重要，让我们看看如何为员工提供支持。

5. 实施有效的支持

在经历任何组织变革时，为员工建立支持结构非常重要。变革可能会让员工感到不安，因此拥有一个有效的支持有助于克服这一问题。

组织变革中的有效支持将在情感和实践上帮助员工掌握变革所需的职位技能和行为。导师制以及对领导层的开放政策，是允许员工在出现问题时向组织提出问题所需要支持。

在实施有效的支持时，组织应提出以下一些关键问题。

• 什么类型的支持最有效？
• 员工最需要什么支持？

最后，让我们看看如何衡量组织的变革进展。

6. 衡量进展

最后，让我们看看衡量进展。在整个组织变革的过程中，组织应该建立一个结构来衡量在整个业务中所做变革的影响。此测量步骤允许组织在变革的过程中不断获得反馈和改进。

这也是一个评估组织变革计划的机会，确定它在我们着手实现的目标方面的有效性，并记录组织正在学习的任何经验和教训。如果需要的话，组织也可以利用这个机会调整和改变计划，没有什么比继续执行一个有缺陷的计划更糟糕的了，有缺陷的计划不会带来成功。在组织前进的过程中，不要害怕改变，这种调整会带来成功。

在这一阶段，组织应该问以下的问题。

- 该过程是否成功？
- 变革是否有助于实现业务目标？
- 我们可以采取哪些不同的做法？

现在我们了解了组织变革的步骤，让我们看看如何克服变革阻力。

5.2.3 克服阻力

我们已经讨论了在变革过程中应该使用的一些步骤。这些东西中的很多将帮助组织克服其所面临的一些阻力。

但是，这些并不能帮助到所有人，正如前面提到的，沟通对于正确处理这一问题至关重要。持续的沟通有助于调整组织的目标，并且有助于让人们放松，因为当人们感到受到威胁时或担心可能发生的变化时，就会产生抵制。

组织内部抵制变革的一些主要原因如下所列。

- 害怕失去工作；
- 沟通不畅；
- 缺乏信任；
- 对未知的恐惧；

• 时间安排不当。

现在，让我们更详细地讲解这些原因。

1. 害怕失去工作

在每一项业务中，为了保持竞争力并与客户保持关联，都需要进行变革。有时，公司需要增加新角色或缩小规模，甚至改变角色以实现这些目标。对大多数人来说，这就是担心失去工作的原因。

2. 沟通不畅

沟通是重要的，它真的很重要的，因为它可以促成或破坏一场变革。沟通可以在一次变革中解决所有问题，但缺乏沟通会造成许多问题。

员工需要清楚地了解为什么需要变革，以及变革将帮助企业实现什么。如果员工被灌输“他们所做的一切都是错误的，而且会被改变”的观念，那么变革将面临巨大的阻力。

3. 缺乏信任

成功的企业建立在信任之上。如果领导层和员工之间的信任度很高，那么变革的阻力就会很低。如果领导层和员工之间互不信任，业务并没有朝着正确的方向发展，因此成功实施变革将非常困难。

4. 对未知的恐惧

商界有一句谚语：*There are unknown unknown*。当人们不知道发生了什么时，就会产生恐惧，从而导致抵抗。这可以通过良好的沟通轻松解决。我们交流得越多，我们的交流就越开放，这就打破了对未知的恐惧，建立了信任。仅信任和消除未知这两件事就可以减少组织中的阻力。

5. 时间安排不当

根据经验，如何以及何时传递变革的信息是关键问题之一。通常情况下，造成员工抵制的不是变革行为，而是如何以及何时传达变革的信息。

5.2.4 沟通中断

沟通是关键。当沟通中断时，会对业务产生严重影响。这主要表现为在金钱和时间方面对组织变革造成阻碍。

当沟通者不能有效地传达他们想说的话时，就会产生阻力。这可能是通过口头文字，甚至是书面文字进行传达的，如何理解这些文字很重要。沟通中断不止一种，可能是沟通者说错了话，也可能是接收者没有正确理解沟通者。

我们可以从航空业的发展中学到很多，航空业中通信至关重要。飞行员与空中交通管制之间无法进行清晰的沟通可能会导致巨大的生命和财产损失。纵观航空史，航空业从错误中吸取了教训，使天空更加安全。我们也应该这样做。

避免业务中的沟通中断可以归结为 5 个关键事项。

- 承认错误；
- 放慢脚步；
- 把人们聚集在一起；
- 赢得人心；
- 耐心。

让我们详细地看一下每一条。

1. 承认错误

人类害怕犯错误，这可能是因为害怕失望、以前犯过的错误教训或其他原因。承认自己的错误很重要，但是把责任推给无辜的一方只会让事情变得更糟。如果我们误解了某人，我们应该让他们知道，承认错误有助于在问题真正成为问题之前纠正问题。同时，沟通者将了解出了什么问题，并可以在下次改进他们的沟通策略。

2. 放慢脚步

节奏很重要，所以不要匆忙行事。有时通过匆忙下决心会使崩溃变得更严重。改变步调，放慢脚步，如果组织仓促行事，人们会认为这并不重要，或者组织只是想把事情解决掉。当组织放慢速度时，情况会发生变化，因为我们正在花时间思考它，真正解决问题很重要。

3. 把人们聚集在一起

最重要的是，确保组织的策略是把人们聚集在一起，而不是把他们分开。沟通中断会使人分开，破坏信任。让每个人都站在同一个进度上，在同一个房间里专注于同一个目标，这会开始让人们更紧密地团结在一起。

4. 赢得人心

通常，当沟通中断时，一些关键人员应该对此负责，这应该围绕着解决问题，而不是玩弄指责游戏进行。正如我们前面讨论的，责备只会给信任带来麻烦。

5. 耐　心

令人沮丧是一个我们可以用来描述沟通中断的词，摆脱沟通中断也是相当困难的。不过，我们需要耐心，缺乏耐心只会让事情变得困难。缺乏耐心通常是导致沟通中断的部分原因，沟通中断需要在文化上承认错误并加强耐心才能补救。

可悲的是，抵制变革的现象太普遍了，但我们可以克服它！现在，让我们继续看一看 DevOps 转型的困难。

5.3 扩大规模的挑战

DevOps 中的另一个反模式是扩展组织正在做的事情的能力。大多数企业在起步时都会在扩大规模时遇到问题。随着增长，尤其是快速增长时，在扩大业务规模方面面临着挑战。

扩展业务很困难，组织需要做出许多变化，即使是最成功的企业也会脱轨。组织在扩大规模方面会遇到以下挑战。

- 必须在适应市场之前进行规模调整；
- 与错误的人合作；
- 过分关注销售和营销；
- 价格竞争；
- 随着增长而产生的管理结构变化；
- 忽视问题；
- 忘记精益化。

所有这些挑战都是从业务的角度来看的，但具体到扩展 DevOps 又如何呢？当涉及到扩展时，我们需要坚持以下具体步骤，并专注于发展 DevOps 实践的某些方面。

- 从小型团队开始；
- 鼓励技能提高；
- 优先考虑文化；
- 持续反馈；
- 自动化。

让我们更详细地看看这 5 个方面，以了解组织需要做什么。

1. 从小团队开始

听说过“创新者的困境”吗？它说明了当组织处于现实循环或日常运营中时，在其业务中进行创新面临的挑战。如果组织希望扩大规模，消除这一困境对其成功至关重要。

组织必须决定想要交付什么，并创建一个敏捷团队来开展宣传工作，帮助扩大运营规模和消除阻碍因素。在将团队转移到其他团队之前，成员必须在团队中获得他们想要的技能，并朝着正确的解决方案努力。

2. 鼓励技能提高

这就是介绍成长心态或学习者心态的地方。我们必须愿意尝试新的东西,并与不同的团队合作。这些团队中员工的心态对于正确起步至关重要。

为了从开发人员和运营团队中获得最佳效果,鼓励他们提高技能水平,不仅是具体技术,还包括软技能,这在 DevOps 中同样重要。

3. 优先考虑文化

DevOps 的成功来自于开发人员和运营人员在两个团队之间都拥有积极的文化。人们很容易认为 DevOps 的全部内容是开发产品,但更重要的是建立正确的关系,文化与 DevOps 的其他方面一样重要。

最困难的是让每个人都参与进来。因此,小团队是开始这项工作的基础。正确处理这些问题将使团队能够在发展过程中可以承担更多责任。

4. 持续反馈

持续反馈是根据正在发生的事情和人们的表现来调整 DevOps 文化的一个非常重要的步骤。获取反馈的过程使组织能够了解其产品正在发生什么,以及需要做哪些更改才能更好。

如果可能的话,将发布和部署分开。可以进行迭代部署,从而从用户群获得反馈,并将这些更改合并到未来的版本中。

5. 自动化

成熟的自动化能力将有助于扩展业务。当涉及到自动化时,找出流程中的问题,并寻求将其实现自动化。但是,不要过分关注这一点,否则,组织将经历一些组织在过度关注工具一节中讨论的事情。

如果组织想实现连续交付,那么他们真的需要考虑自动化测试,如果没有自动化测试,组织将发现很难执行连续交付。

到目前为止,我们已经研究了 DevOps 中反模式的组织原因。现在,让我们看一下过度关注工具的影响。

5.4 过度关注工具

到目前为止，在重点讨论工具之前，我们已经谈到了 DevOps 其他方面的重要性。从在网上找到的大量研究中可以看出，过分关注工具的危险也是显而易见的。然而，现实情况是，与文化、人员和流程相比，组织可能过于关注工具，这可能会损害组织的转型工作。

DevOps 中最常见的技术领域之一是自动化，这可能会使 CI/CD 管道或其他流程自动化，无论是技术流程还是业务流程。然而，根据我的经验，许多组织将 DevOps 中的自动化信息带到了一个极端，一个适得其反、有时对企业有害的信息。这就引出了一个问题：自动化程度有多高才合适？

5.4.1 多少自动化算太多

了解组织是如何达到这一点是很重要的。让我们想象一下，大多数组织正在从传统的瀑布式方法论转向敏捷方法论，这对他们来说是全新的。人们经常看到组织将敏捷发挥到极致，这是由于过度使用敏捷，反过来进而导致 DevOps。

提示：关键问题应该是自动化是否对 what 和 why 有益。

有一种倾向认为，大型企业组织及其所有部门、团队都有能力完成 Facebook 或 Netflix 已经完成配置管理工具而所做的事。所有遗留技术和流程也必须考虑在内。该工具链中充满了让组织成为下一个 Spotify 或 Netflix 的承诺。虽然这是一个令人钦佩的地方，但从根本上说，这个组织既不是 Spotify，也不是 Netflix，将来也不会是。

当我们试图从任何角度复制这些组织的成功时，尤其是在技术方面，我们会很快发现自己正在走下坡路。在这一点上，我们所做的任何投资都将一文不值,因为我们试图过多地自动化和推动过多的工具。

5.4.2 平　衡

了解和理解何时自动化或使用工具以实现特定目标是很重要的。事实上,我在过去一些工作过的组织在 DevOps 中没有实现自动化,一些实现了 CI/CD 自动化,而另一些则实现了业务流程自动化。

自动化是指不采用手动流程,并将技术放置在流程的部分或整个过程中,以便可以通过自动化进行复制。问题在于,并非所有流程都可以或应该实现自动化。请注意,流程的不同部分可以自动化,但它并不总是自动化整个过程或过程的任何部分。

当决定某件事情是否应该自动化时,应该遵循一个简单的流程,将其放在软件开发过程的上下环节中。

1. 与团队其他成员一起思考开发过程中发生的流程,对其进行审查并锁定。

2. 决定自动化的工具。

3. 一步一步看自动化的价值。

提示:如果流程从一开始就有缺陷,那么向其添加自动化只会使糟糕的流程更快地发生,而且不会受到监督。

每个组织都是独一无二的,供应商有一个习惯,就是用花哨的营销吸引我们,然而,我们的组织不是独角兽初创公司,新旧系统的混合将是一个挑战。

1. 分解过程

当涉及到软件开发过程时,我们可以开始进一步分解它们。在此过程中,我们可将组件分解为子流程。当我们有了子流程,我们就有了一个完美的位置来详细查看它们。此时,我们可以决定是否保留、修复或创建新流程。

慢慢来是很重要的。创建流程可能看起来很琐碎，但请思考业务未来的运营方式以及现在的运营方式。流程必须能够通过变化与组织一起成长。

此时，还应将与 DevOps 相关的启用程序任务（如，CI、CD 或连续测试）与任何固定流程相结合。

最后，组织必须选择工具。这就是大多数组织偏离轨道，出现问题的地方。当组织定义了自己的流程，并确定哪些 DevOps 组件将集成到其中时，组织需要为这项工作使用正确的工具。过度自动化的组织通常会关注实际的工具，而不是流程本身。在这种情况下，技术通常基于情绪，例如模仿使用类似工具的其他组织或会议中使用这些工具的同事。

这种情况只会让所有相关人员陷入混乱，因为使用了太多的工具和流程，组织必须针对工具进行调整，而实际上工具也是应该针对过程进行调整。

2. 当自动化导致问题时

我想谈谈我之前遇到的一个例子。我在与一家希望从零到完全自动化的公司合作中，他们希望开发人员可以在一天中的任何时候、端到端地完成所有工作，然而，现实情况是开发人员每天会向平台发布两次新代码，有时甚至更多，这种行为的结果是用户对不断的变化感到沮丧。

对我来说，这个实验的关键在于自动化测试不是整体的。本可以由执行一些性能和回归测试的人员轻松解决的质量问题却从网络中溜走了。

最后，该组织从工具链中删除了一些工具，限制了开发人员可以更改的类型，并对审查过程、部署，以及最重要的测试进行了更严格的限制。

这个故事说明不要让宏伟的计划和愿景，以及对自动化永不满足的需求，压倒了我们将基本原理应用于自动化的方式。

3. 不造成危害

我希望在阅读了前面的部分之后，你不会因为敏捷或 DevOps 而感到不快。我们仍然可以从 DevOps 中获得的价值将远远超过 DevOps 的缺点，但我们必须明智且有条不紊地实现 DevOps。

总的来说，技术是一种促成因素，如果使用得当，它将为组织带来巨大的价值，并使我们正在做的工作更容易、更可重复。

DevOps 是随着时间的推移，通过我们需要如何在组织中执行敏捷和核心 DevOps 原则而来的，而不是通过其他人如何做到这一点。许多组织最终可能会使用工具来满足他人，而不是自己的愿景。

在本节中，我们已经了解了过度关注工具的影响。现在，让我们继续看一下基础设施和系统对 DevOps 意味着什么。

5.5 恰当使用原有基础设施和系统

DevOps 不仅仅适用于云计算，也可以用于混合环境，当然也可以用于本地环境。DevOps 在云环境中更容易使用，但原有的基础设施、系统和思维可能是 DevOps 真正的拦路虎。

传统基础设施在采用 DevOps 时会引起一些问题，因为这些系统不是为 DevOps 附带的连续过程而设计的。使用遗留基础设施在迭代中发布软件也是非常困难的，甚至在某些情况下是不可能的，因为这打破了整个 DevOps 的习惯，并开始引入我们需要克服的挑战。

我们处理遗留基础设施技术缺陷的方法之一是经历一个现代化过程，这代表了一个从传统基础设施到更现代服务的旅程，大部分是在公共云提供商中进行的。

现代化对于希望扩大规模的企业来说有很多好处，因为它有助于降低成本、改善客户体验、加快上市时间、实现业务的灵活性等。现代化最常见的途径之一是从现有的单片应用程序转移到基于微服务的体系结构和设计模式。此模式表示一个基于域的体系结构，其中服务彼此解耦，并可用于多种用途。

遗留应用程序和基础架构带来的几个挑战。

- 安全；
- 单点故障；
- 缺乏灵活性。

向更现代的应用程序原则和实践的转变有助于解决这些领域的问题。当涉及到流程和人员时，这是 DevOps 可以提供帮助的地方。当然，这些都是非技术领域，在解决遗留基础架构问题时，这些领域与技术领域同样重要。

5.6 总　结

在本章中，我们探讨了 DevOps 中与文化相关的反模式，研究了这给组织的 DevOps 转型带来的挑战，以及如何解决其中的一些问题，以避免它们使组织的工作负担过重。最后，我们研究了过度使用工具对环境的影响以及它给组织工作带来的危险。

在下一章中，我们将查看价值流图，并学习如何使用它们来推动流程变更。我们还将研究价值流图和流程图之间的区别。

5.7 问　题

现在，让我们回顾一下我们在本章学到的内容。

1. 以下哪一项不是抵制变革的原因？

   a、时机不当

b、沟通不畅

c、对加薪的担忧

d、错误的归属

2. 以下哪一项可以改善沟通障碍?

a、承认错误

b、让每个人都参加团队建设课程

c、连续反馈

d、把人们聚集在一起

第三部分

推动变革以使组织流程变得更加成熟

流程可使组织运转起来，并且是员工能否高效工作的一个关键方面，了解如何使它们成熟是关键。这一部分包括以下几章。

第 6 章使用价值流图推动流程变革。

第 7 章组织中交付流程的变革。

第 8 章持续改进流程。

第6章　使用价值流图推动流程变革

要完全理解流程，我们必须知道谁执行流程、何时执行，以及为什么执行。这些信息有助于我们分解流程并消除冗余，从而使有用的流程自动化。

本章将通过使用价值流图减少不必要的流程，帮助改进组织内的流程。

在本章中，我们将介绍以下主题：

- 了解价值流图；
- 价值流图的作用；
- 流程图和价值流图之间的差异；
- 解释价值流图。

6.1　了解价值流图

价值流图的过程来自于价值流管理。价值流管理是一种精益业务实践，旨在了解软件开发、交付和资源的价值。

这个过程还可以帮助组织内部的价值流动，同时也为软件交付提供全生命周期管理。通过价值流图，可以帮助团队专注于工作，而不是专注于功能，并使组织开始远离不起作用的东西。

到目前为止，我们已经仔细研究了 DevOps 的文化方面，以及它对组织实现 DevOps 最佳实践的转型意味着什么，本章将开始关注组织内的流程。精益流程是运行良好、极少浪费且高效的流程。一旦流程达到了这一级别的效率，组织就可以开始自动化了。

通过价值流图练习，组织可以从客户体验的角度简单明了地了解自己的流程。这样做的结果是更好地与业务目标保持一致，并且能够扩展 Agile 和 DevOps 转型。

这个过程的第一步是改变组织的心态，这样就可以把软件开发看作是与业务目标的直接联系。我们已经多次讨论过需要的更改，当我们试图使组织的流程精益化时也可以这样做。

组织在软件开发和业务目标中执行的活动通常彼此相距很远，并且软件团队的不同优先级使他们能够跟上这些优先级。在这种情况下，如果没有人对齐，则组织必须后退一步以查看是否对齐。

因此，第一个合乎逻辑的步骤是暂停一下，然后稍微备份一下，评估业务中正在发生的事情，然后看看组织在软件开发中所做的工作是如何帮助和支持业务实现其目标的。

在这一过程中，评估相关人员、流程、工具以及存在的任何从属的关系，以便领导层能够完全了解事情的进展情况。

6.1.1 超越 DevOps 进行流程改进

DevOps 在软件行业中带来了大量的组织变革和转型。这一点随着时间的推移发生了变化，从最初对团队合作和同理心的关注，发展到我们如何为组织创造真正的价值。

正如我们已经讨论过的，为了获得最佳的投资回报，组织必须关注正在创造的业务价值以及由此带来的客户满意度。这是我们在第 2 章“DevOps 的业务优势、团队拓扑和陷阱”中讨论的内容。

对于许多组织来说，他们会同意 DevOps 带来了大量转型的观点。然而，我们仍然会发现许多企业无法理解和解释从自身所需投资中获得的价值。

随着实践的成熟，组织需要更加关注理解和创建衡量成功的指标和

KPI。这些指标应该可以进一步提高其交付软件的质量，并且加快交付速度，以满足客户体验，并显示组织正在交付的业务价值。

这里的关键信息是，成功实施DevOps将带来巨大的帮助，但组织必须在流程成熟度方面走得更远。

6.1.2 查看价值流图

图6.1是来自Plutora的一篇关于价值流图的文章。我们将在本章后面更详细地查看这个图，这个示例是价值流图练习的一些输出。

价值流图是一个分为三个主要区域的图，这三个区域分别是信息流、产品流和时间阶梯。

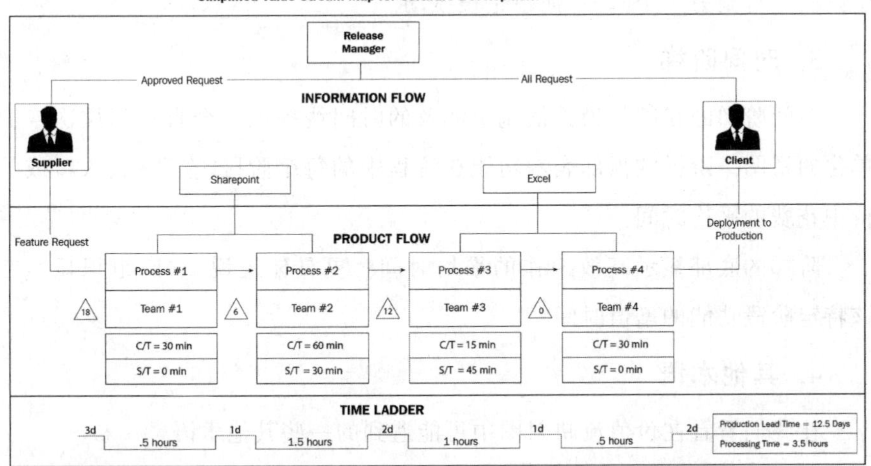

图6.1 价值流图练习的示例图

1. 信息流

图6.1的这一部分显示了与流程相关的所有信息是如何通信的，以及数据是如何传输的。该图显示了release manager接收所有客户请求，只有批准的请求才会提交到供应商的开发队列。

根据价值流映射练习的目标，SharePoint 和 Excel 中显示的收集和分发过程可以包括许多详细级别，以及许多其他集成系统。

2. 产品流

本节将介绍软件开发从最初的概念到交付的各个步骤。根据组织的需求，如果希望在特定点获得效率，那么组织可以将精力集中在流程的特定部分。它可以是详细的，也可以是高层次的。

图 6.1 框中显示的是正在执行的任务，以及执行任务的个人或团队信息。示例显示了两项关键数据，C/T 表示循环时间，S/T 表示设置时间。

此时，框中可以包括任何详细信息，以突出显示组织希望显示的所有重要信息。三角形显示的是在流程的每个阶段等待的功能队列，后面的虚线箭头表示从一个阶段到另一个阶段，这被称为推箭头，这表明产品正在从一个阶段进行到另一个阶段，而不是被拉动。

3. 时间阶梯

时间阶梯的目的是为价值流中涉及的时间线提供一个真正高层次或简单化的视图。阶梯的顶部表示功能在流程中的每个阶段，在队列、入口或等待中花费的平均时间。

阶梯的底部显示高效工作的平均时间。更具体地说，它向组织显示在该特定阶段功能的增值时间。

4. 其他术语

让我们看看在价值流映射图中可能遇到的一些其他术语。

- 循环时间：这是指生成功能的频率，或两个完成功能之间的平均时间。
- 设置时间：这是指准备任何给定步骤所需的时间量。在软件工程中，这可能是理解需求所需的时间。
- 正常运行时间：这是以百分比衡量的，并为组织提供任何流程或系统处于活动状态的总时间。

- 订货交付时间:这衡量了一个请求在从概念到交付的整个周期中完成所需的平均时间。我们在第 3 章“衡量 DevOps 的成功”中讨论了这一点。
- 产距时间:这是生产功能以满足客户需求所需的速度。这是一种计算方法,将一个工作日的小时数乘以一个月的工作天数,再除以可用的工作小时数,最后转换成每月有多少分钟数。根据一个月 9 000 分钟和给客户提供 150 项功能,除以这些功能意味着组织有 60 分钟或更少的时间来完成这些功能以跟上销量。

现在让我们看看价值流图中使用的符号。

5. 价值流符号

图 6.1 中有一些特定符号,很像一个流程图,这些符号代表具体的事情。让我们看看组织可以在价值流图中使用的符号,如图 6.2 所示。

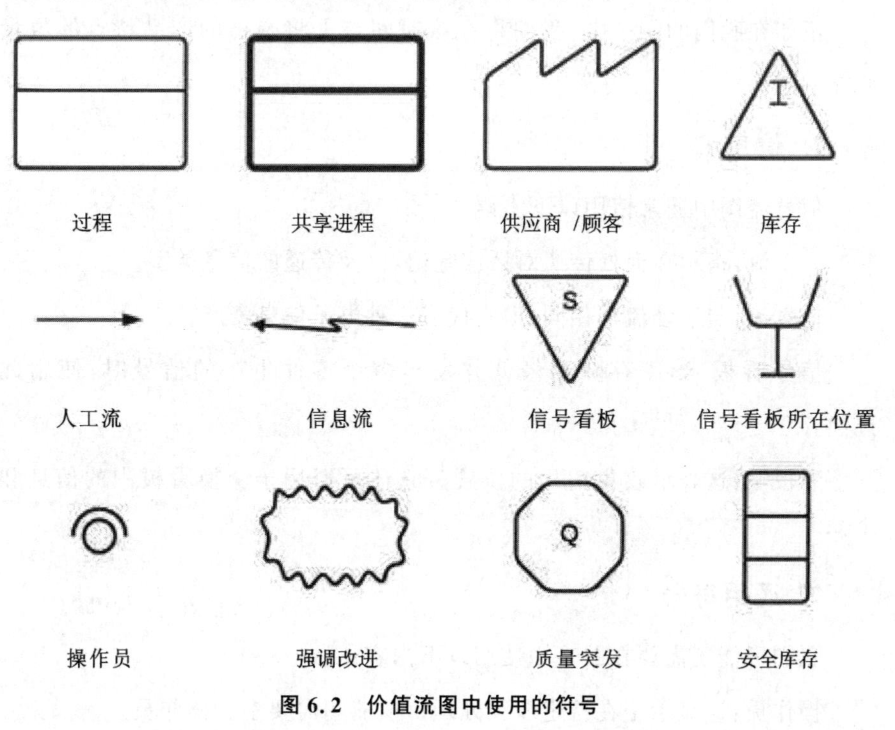

图 6.2 价值流图中使用的符号

当然，还有很多符号，但图中包含的是常见的符号，组织肯定需要在自己的价值流图中使用它们，组织还可以将它们分组。第一行包括所有物流符号，第二行包括信息流符号，第三行包括通用符号。

现在，让我们详细讨论物流、信息流和流程图中涉及的关键术语。

6. 物　流

以下术语通常用于物料流图。

过程：代表由特定任务的个人或团队执行。

共享进程：与常规流程相同，但该流程由各方共享。

供应商/客户：通常，当它位于价值流的左上角时，这是流的起点，表示供应商。当它位于右上角时，它代表客户。

库存：如果要在两个流程之间添加库存盘点，请使用此选项。

正如在我们的例子中，我们将在该时间点上将突出的产品特点的数量放在一起。

7. 信息流

信息流图中通常使用以下术语。

人工流：指示在何处传递对话或笔记，以及传递的信息类型。

信息流：与手动流程相同，但它代表一种电子信息资产。

信号看板：当库存降至最低并发出多个零件生产的信号时，使用此选项。

看板贴：这表示收集信号的位置。它还可以用于交换看板中的信息和生产。

7. 通用符号

我们可能还需要在图表中使用以下内容。

操作员：这显示了在特定步骤处理价值流图需要多少操作员。

强调改进：有时被称为改善闪电战，这是一系列专注于解决特定挑战的团队活动。其目的是解决挑战，让团队专注于某个问题。

- 质量突发：这表明存在质量问题，可用于价值流映射链中的任何一点。
- 安全库存：这表示在发生故障或存在其他问题时，存在临时安全库存可防止出现问题。

现在我们已经了解了价值流图的一些基本原理，让我们看看价值流图如何在组织中发挥作用。到目前为止，我们使用的一些术语有点通用，所以让我们举一些更具体的例子来说明软件工程。

6.2 价值流图的作用

价值流图非常重要，它不仅可以帮助组织了解流程，还可以帮助组织将这种理解转化为改进流程的方法。这对企业可持续发展至关重要，有以下3个原因：

- 消除浪费，组织还可以使用此过程发现浪费的根本原因和来源。
- 团队将放弃个别假设，并根据客户的观点对其进行优先排序。
- 通过价值流映射创建可视化，可以轻松识别浪费性交接；团队可以对以识别并做出反应，以改进他们的协作、沟通和文化。

虽然创建价值流图的过程对组织非常有用，但也可能带来一些挑战，让我们更详细地看看这些挑战。

6.2.1 价值流图的挑战

如果组织不注意如何执行价值流图，那么组织可能就在使用一个无用得练习。我们需要了解存在的常见陷阱，包括创建价值流图和确保生产的产品本身对组织的业务有实际价值。

在价值流图方面，投资回报至关重要。监控组织需要投入多少精力来为流程绘制价值流图，并将其与组织从中获得的任何潜在价值进行平衡。组织应该从一开始就关注组织的投资回报。

识别浪费的过程可能是密集的。当员工知道正在进行价值流映射时，通常会感到恐惧和不确定性。他们错误地认为该流程用于从员工角度识别浪费。

许多流程涉及跨职能团队和其他一些复杂问题。在进行价值流图时，组织应该确保让来自流程各个方面且经验丰富的人员参与进来。

虽然 baby steps 是一个通过改进不同地方的步骤来开始节省开支的好切入口，但是这些步骤的改进不会影响整体下限，所以需要完成自上而下的全部更改。

提示：价值流图的目标是减少浪费，而不是创造比现有更多的东西。

我们在本章前面讨论了可以在价值流图练习中使用的符号。我的建议是不要急于用专业的解决方案来创造它们。可以先概述组织的想法，可以先使用纸张或白板，结果是一样的；可以在以后使用软件将价值流图形式化以实现这一点。

6.2.2 价值流图的用例

根据本章前面的符号，你可能已经猜到，与许多来自制造业的精益流程一样，价值流图的根源不是软件工程，也不是技术，而是制造业。

价值流图可以为多个行业带来价值。这些原则同样适用于它们中的每一个原则，它可以像在任何框架中一样适应组织的需求。从根本上说，所经营的行业或领域决定了价值流图中的项目。

例如，当涉及到供应链时，价值流图对于发现和消除导致成本高昂的延迟至关重要。在服务业，这一过程将有助于为客户提供及时、有效的服务。

在医疗领域，价值流图将确保患者获得高质量的护理，同时减少可能危及生命的任何延误。最后，在制造业中，价值流图通过分析材料流和信息流的每个步骤来帮助识别浪费。流经价值流的过程项目称为物料。

6.2.3 识别和减少浪费

正如我们在6.2.2节中提到的，价值流图就像精益原则本身，起源于制造业。精益原则起源于日本的汽车行业，这使得日本汽车工业能够通过精益原则和自动化蓬勃发展。

将精益思想应用到日常流程中比你想象得要困难。在制造业中，以下8种情况是浪费。

- 缺陷；
- 生产过剩；
- 等待；
- 未使用的人才；
- 运输；
- 库存；
- 运转；
- 额外加工。

在运用精益原则时，试着思考这8种浪费，看看我们可以在哪些方面改进组织的流程。让我们来看一下软件开发中的一些示例，它们可以帮助我们识别浪费。

1. 运　输

在制造业中，我们认为运输是一种有形的东西，是将物品从一个地方移动到另一个地方。在软件开发中，运输可能是最难发现的浪费类型之一，毕竟，产品不是移动的实物，而是虚拟的。

不要只考虑物理问题，也要考虑任务是如何从一个开发人员转移到下一个开发人员的。这可以是从架构师到开发人员，或者从设计师到开发人员。

这方面的一个实际例子可以是开发人员到测试人员。让我们假设测试人员已经准备好完成任务，并且他们刚刚完成了另一项任务，这样就可以立即进行测试。首先，测试人员将查看任务以了解他们需要做什么；接下来，启动应用程序并进入组织希望他们测试的步骤，他们可能需要时间才能达到这一点。这就是所谓的设置时间，在本例中，该时间由移交生成。

2. 等　待

等待方面的浪费可以通过在制品（WIP）以及等待过程中的下一步来发现。如果你正在等待，那么该工作将无法得到有效处理，等待某人或其他人完成的任务产生了非增值时间。这不仅延迟了该项目的交付，而且延迟了所有项目的交付。

在软件工程领域，质量控制步骤（如测试）以及技术债务和缺陷修复就是一个很好的例子。

3. 产能过剩

在软件开发中，产能过剩有两种明确的形式。第一个就是范围蔓延，要澄清的是，范围蔓延是指当从一组初始需求开始，但在组织开始处理这些需求之后，需求发生变化。

第二种类型的产能过剩与帕累托原理一起发挥作用。这一原则的应用是80%的目标受众只会使用大约20%的功能。因此,这一原则决定了组织将花费大量时间开发几乎不会使用的功能。

既然我们了解了价值流图为何如此重要,并且了解了如何识别浪费,那么让我们来看看流程图和价值流图之间的区别。

6.3 流程图和价值流图之间的差异

价值流图显示大量信息,并使用更线性的格式。它与流程图非常不同,流程图只显示流程中涉及的步骤。相同的差异也适用于流程图,如图6.3所示。

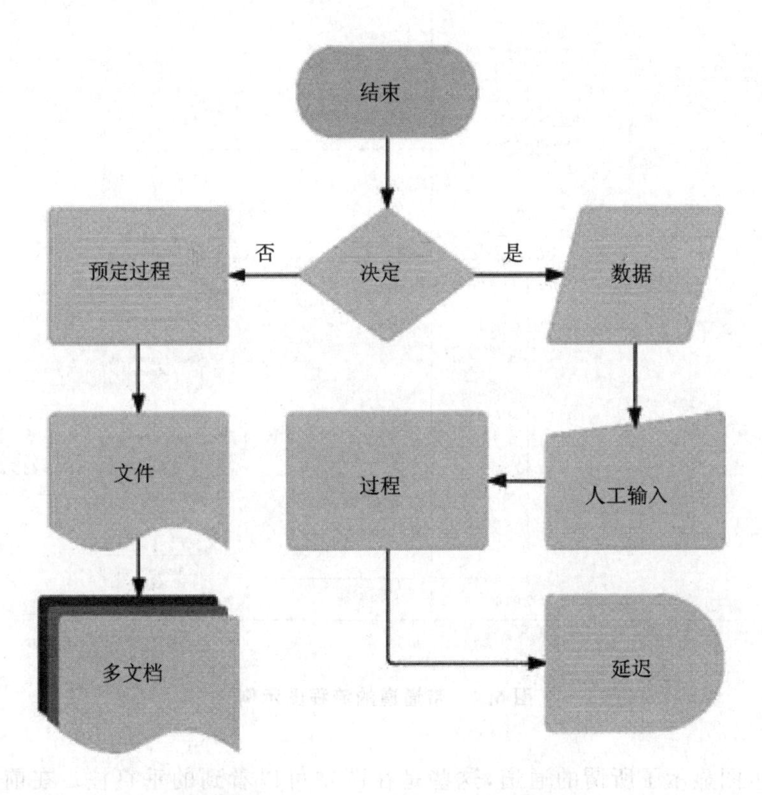

图6.3 显示流程图部分要素的示意图

如图 6.3 所示，流程图或者说过程图在显示流程的各个部分方面做得很好，包括整个流程中的决策点；然而，它并没有像价值流图那样更进一步，因为价值流图会试图识别流程内和流程步骤之间的浪费。另一方面，流程图形成了更详细的业务流程图。

以 Creately 的示例图（图 6.4）为例，此流程图清楚地显示了流程的不同部分。

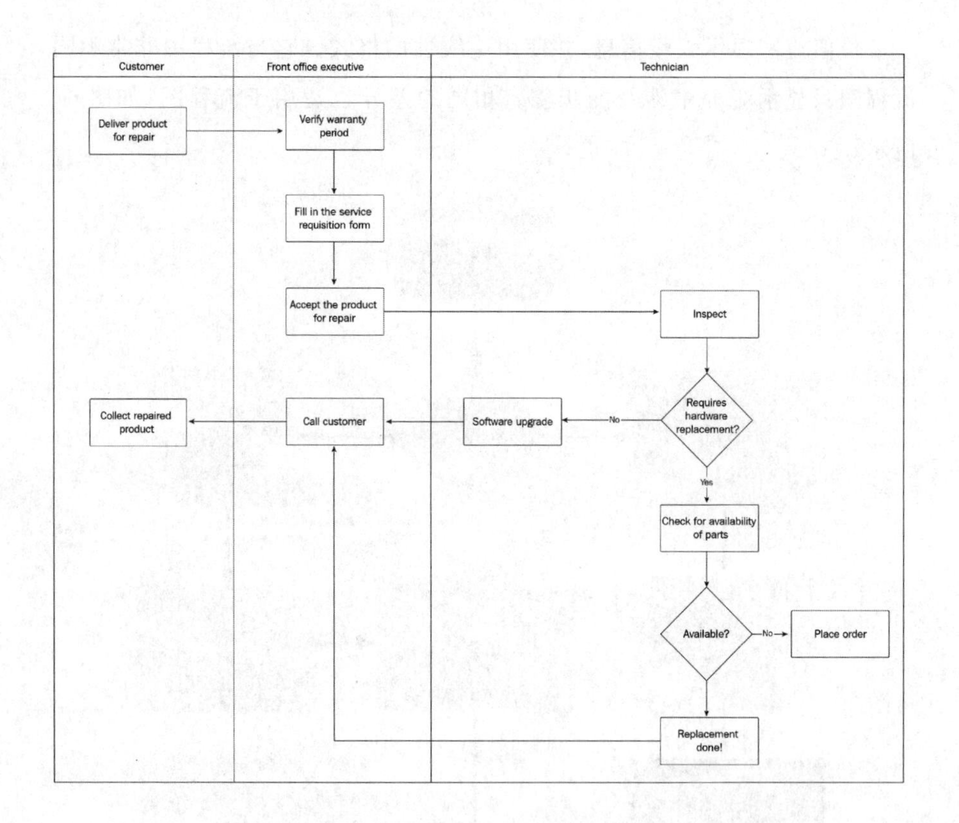

图 6.4　带通道的流程图示例

上图显示了所谓的通道，这些是在图中可以看到的垂直柱。在前面的示例中，它们将流程的各个部分划分为与流程交互的不同人员。图 6.4 中有客户、前台和技术人员，这有助于突出谁处理正在记录的流程部分，它可以进出不同的通道，图 6.4 上的通道数量完全取决于过程。

图 6.5(同样来自 Creately)是流程图的一个简单示例，它只是按照箭头从左到右读取。

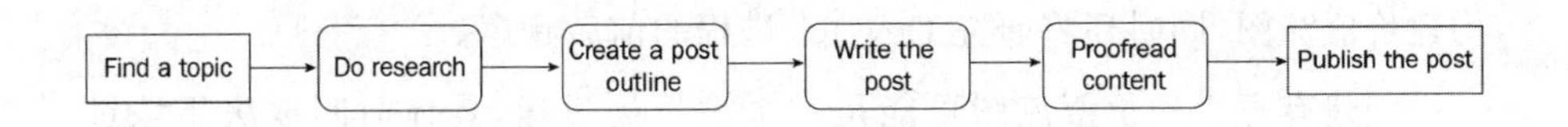

图 6.5 流程图的简单示例

圆角框是过程中发生某些事情的步骤，而矩形框是起始点和终止点，换句话说，是开始和停止过程的地方。

何时使用流程图或价值流图显然是组织需要了解的关键问题。如果不小心，组织可能会花费大量时间创建流程图和价值流图，但得到错误的结果。

组织可以同时利用流程图和价值流图，这显然是由于生产流程详细程度不同而选择的，因此组织要确保组织基于正确的原因创建正确的内容。每种类型的图用于识别不同的变量，但将价值流的组成部分与流程图的详细元素相结合是有价值的。

仔细想想，一个详细的流程图确实包含了价值流图的所有元素，它也可以分解为更详细的内容。

提示：当价值流图识别出浪费时，请考虑使用流程图来包含更多的细节。

在下一节中，我们将了解流程图和价值流图之间的区别。让我们通过看一个价值流图的例子来结束本章，并看看我们可以做些什么来改进组织的流程。

6.4 价值流图示例

到目前为止，我们已经了解了什么是价值流图，它们如何帮助组织的业务，以及在较高层次上价值流图中涉及的组件。现在，我们将开始研究如何构建价值流图，同时还将研究 DevOps 进程的前后状态。

创建有意义的价值流图可能是一个漫长的过程，具体时间取决于该过程的规模。正如我们前面讨论的，通过监控价值流图活动的投资回报，确保组织从流程中获得收益。

6.4.1 创建价值流图

第一次创建价值流图可能是一项艰巨的任务。当组织开始创建价值流图时，应遵循以下步骤以确保成功。遵循这些步骤和提示，组织将能够生成真正有价值的价值流图。

1. 确定要解决的问题

组织需要确定要解决的问题。不要仅仅因为想绘制图表就试图绘制价值流图，组织应该从存在问题的地方创建价值流图。组织应该从客户的角度考虑解决问题。看他们是否觉得你花了太长时间才推出新功能？为了了解每个人的需求，所以一定要详细规划客户调查问卷的问题。

最后，设定一些目标。但是想减少一个特定的百分比是一个令人钦佩的目标，但要确保它是可现实的。

2. 确保团队获得授权

在处理价值流图时，组织需要一个经验丰富且成熟的团队，这将帮助他们完成手头的任务，最重要的是可以帮助组织及时完成任务。领导层还应留出所需的预算，以确保任务执行符合预期。

3. 约束流程

完成并发布问题，限制价值流图练习的范围非常重要。组织可能不需要端到端地映射整个流程，但是需要关注流程的特定部分。

将复杂过程分解为更小的部分，然后再进一步分解，直到复杂性以可理解的、谨慎的组件呈现出来，此过程称为过程分解。

总体而言，我建议采用这种方法，你会从中得到经验和更好的结果，专注于问题的一部分，而不是从上到下的一切。分阶段处理整个过程，而不是端到端。

一旦组织将努力局限于过程的一部分，需要确保组织通过进行回顾来映射它。经验不能对他人有偏见、不完整，甚至不准确的文件或叙述所取代。

定义流程的步骤并多次完成此操作。有时，问题会在第二次，甚至第三次通过时出现。确保组织至少这样做两次，以确保得到一个完整的流程图。

4. 收集流程数据并创建时间线

在进行价值流图练习时，记下希望收集到的任何适用流程的数据。这可能包括，但不限于以下信息。

- 参与人数；
- 平均工作时间；
- 周期时间；
- 等待时间；
- 正常运行时间。

此外，确保在底部包含流程时间和交付周期。还记得我之前解释过时间阶梯的用途吗？这就是它的用武之地。

5. 评估当前价值流图

当开始评估当前的价值流图时，请在流程的这一阶段查找具体的内容，提出以下问题。

- 团队是否有多个依赖关系？

- 等待时间或交付周期是否过长？
- 是否可能是因为测试而造成等待？
- 环境是否稳定？

所有这些问题都可以用来评估自己的价值流图。它甚至可能是组织在流程中一些有价值的步骤，但这些步骤并没有传达给客户任何有意义的内容。组织还应该寻找过程中的任何阻力或信息流中的停滞，记下这些对流程的作用是推还是拉。

6. 设计组织对未来的预期

在这个阶段，价值流图可能还没有完成或形成最终版本，但这已经很好。这里最重要的是确保未来状态的价值流图与组织的未来愿景保持一致。

组织应该确保没有任何东西是一成不变的，本着 DevOps 的精神，确保组织可以将持续的反馈纳入该流程，并做出任何有意义的调整。

7. 实现组织对未来的预期

组织必须确认未来状态会带来其所设想的改变。监控组织目标和关键成果(OKR)，以及组织的关键绩效指标(KPI)，从看到的趋势中学习。我们在第 3 章中讨论了衡量 DevOps 成功与否的指标，该指标可用于制定 KPI。

提示：成功的价值流图练习的目标是确保每个人现在都指向同一个方向——客户。

当然，所有这些都应该解决组织在开始时定义的问题陈述中提出的问题，如果不能确定它是否已经解决了，应该回去看看还能做些什么来改善情况。

6.4.2 当前状态价值流图

现在，让我们看一个真实的例子来说明 DevOps 世界中的价值流图是什么样子的。请看图 6.6，这是 Lucidchart 的模板，这完美地说明了组织可以获得的价值。

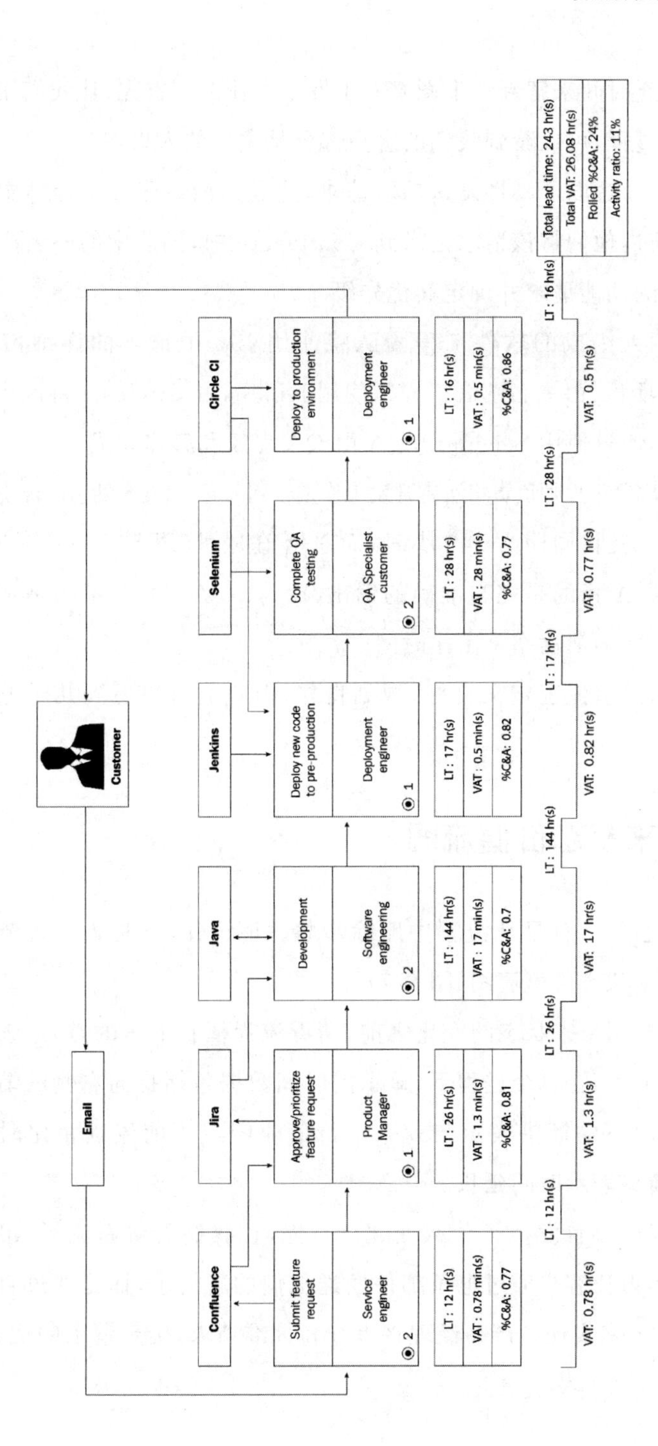

图6.6 DevOps流程的当前价值流图

我想花一点时间来解释一下图 6.6 中发生了什么。首先，让我们用几句话来讨论这个过程，可以看到我们的客户部分是主要的入口点。

首先，客户通过电子邮件发送功能请求，这是由两位服务工程师中的一位负责的。此时，他们将该请求记录到 Confluence 中，团队中的一名产品经理批准 Jira 中的功能请求并确定其优先级。

然后，由两人组成的软件工程团队将使用 Jira 中请求的详细信息在 Java 中处理该项目，由一名部署工程师使用 Jenkins 和 Circle CI 将该代码部署到预生产中，通过使用 Selenium，QA 由 QA 专家和客户完成。

最后，一名部署工程师负责将所有开发工作整合到一起，以发布到生产环境中。

此流程的总交付周期为 243 小时，而总增值时间（用于任务的时间）为 26.08 小时，C&A 指的是完整准确的输出，而%C&A（24%）指的是不需要返工的时间，11%的活动率是工作时间。

总体而言，虽然流程定义良好，规划良好，但我们可以看到几个方面需要改进。

6.4.3 未来状态价值流图

未来的状态并不总是从流程中删除步骤。请记住，它是为流程节省效率的。请看未来状态价值流图（图 6.7）。

在我详细介绍未来状态的变化之前，请看流程框右上角的点，这表示流程是新的。接下来，在每个进程下，显示的时间数据包括指向右侧的箭头表示没有变化。向下的箭头表示与前一个价值流图或当前流程相比时间缩短，而向上的箭头表示时间延长。

那么，让我们看看发生了什么变化。首先，让我们看看新流程，组织可以看到，这里不再让客户通过电子邮件发送他们的新需求，而是通过直接添加到 Confluence 来实现。产品经理将审查和批准请求，确定请求的优先级，从而节省时间。

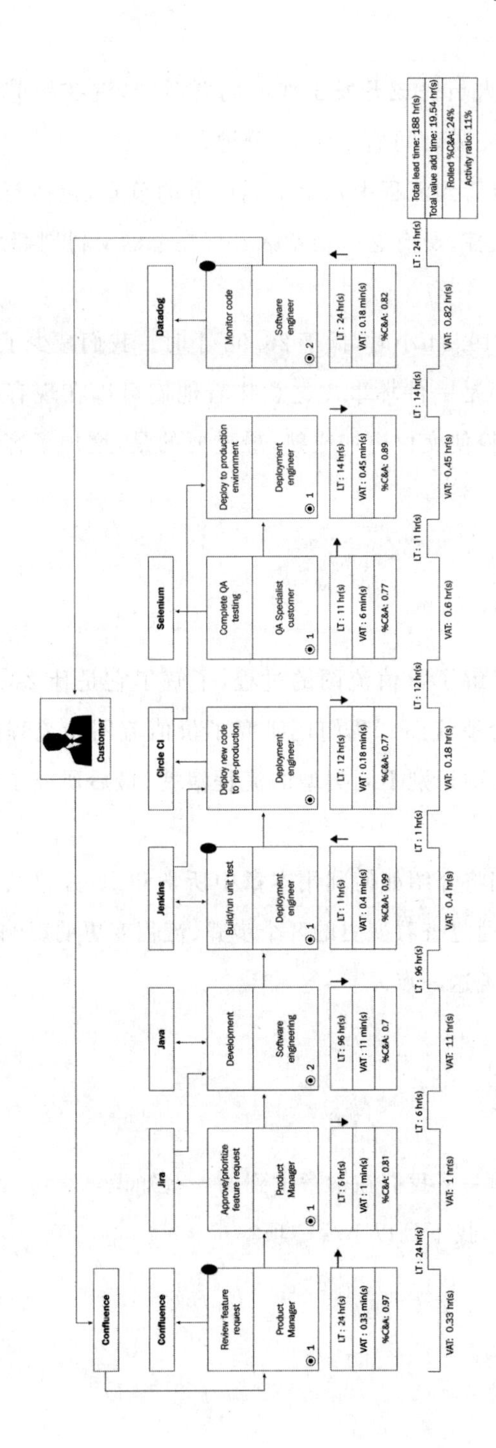

图6.7 DevOps流程的未来状态价值流图

这也减少了开发人员完成开发工作的前置时间，现在的前置时间缩短到 96 小时，实际任务完成时间缩短到 11 分钟。

事实上，我们可以看到流程中几个不同任务的节省，包括新测试流程的引入，以及对代码的监控，所有这一切意味着现在总的交付周期是 188 小时，而不是 243 小时。

增值时间现在为 19.54 小时，低于 26.08 小时。我们减少了人们为价值而工作的时间，这并不是一件坏事。这意味着他们可以在现有时间内交付更多。引入测试和监控使交付更加成熟，最重要的是，增加了客户与组织的互动。

6.5 总 结

在本章中，我们了解了价值流图的过程，了解了它是什么，它如何帮助我们，以及如何构建价值流图。我们还研究了价值流图和流程图之间的差异，讨论了如何在流程中识别不同类型的流程浪费，最后研究了如何创建价值流图。

在下一章中，我们将介绍如何利用本章中所学知识，并将其应用于组织的流程变革。我们将通过查看变更的 8 个步骤、流程变更的影响以及流程变更中的常见挑战来实现这一点。

6.6 问 题

现在，让我们回顾一下我们在本章学到的一些知识：

1. 在价值流图上，找不到以下哪一项？

   a、信息流

   b、产品流

   c、泳道

d、时间阶梯

2. 以下哪一种不是浪费？

a、运输

b、减产

c、运转

d、生产过剩

第 7 章　在组织中实现流程变革

现在，我们已经了解了流程以及需要更改的内容，本章将介绍如何在整个组织中管理流程变革。请记住，有时流程会影响多个团队和部门，这可能是一个挑战，需要谨慎管理来确保成功。

在本章结束时，你将能够理解有效流程变革的 8 个步骤、不同的业务更改模型以及流程变革的常见挑战。

在本章中，我们将介绍以下主题：

- 有效变革的 8 个步骤；
- 业务变革模型；
- 流程变革对人的影响；
- 流程变革的共同挑战。

7.1　有效变革的 8 个步骤

在商业领域，变革的需求相当持续。能够有效地适应变化的企业是那些从长远来看处于领先地位并战胜竞争对手的企业。当组织制定了流程并完成了价值流图后，它的下一个任务将是研究如何在组织中有效地实现这种变化。

这从 8 个步骤开始，其步骤可描述如下。

1. 确定需要改进的方面；
2. 向利益相关者展示商业案例；
3. 规划变革；

4. 确定用于评估的资源和数据;

5. 沟通;

6. 评估阻力、依赖性和风险;

7. 庆祝成功;

8. 不断改进。

其中的一些步骤我们已经很熟悉了,因为我们已经讨论了其中的一些步骤,现在让我们详细地看看这些步骤。

1. 确定需要改进的方面

这里包含此步骤纯粹是为了有效变革的完整性。我们在上一章讨论价值流图时讨论了这一点,并详细讨论了如何确定需要改进的内容,以及什么时候应该改进。了解需要更改的内容将为组织成功实施流程变革奠定坚实的基础。

2. 向利益相关者展示商业案例

这一步是向利益相关者展示商业案例,但是,需不需要这一步取决于到目前为止如何为流程中的变革收集支持。

如果你已经让你的利益相关者参与进来,并引导他们了解了问题和如何解决问题,那么你基本上已经展示了你的业务案例。

如果你发现根据更改的类型和对更广泛业务的影响,必须向更广泛的利益相关者展示想法以获得更广泛的支持时,请不要感到惊讶。

3. 规划变革

很多人认为,当你有了完整的价值流图,就已经可以开始去做事情了,在你做任何事情之前,计划一下你将如何实施你的变更,如果把工作放在计划的第一位,成功的机会会更大。

这可能是你正在做的一个小小的改变,但你仍然要为自己设定明确的目标,当你的改变得以实施时,成功会是什么样子。更不用说当变化很大,涉及到组织的许多部分时,规划会是关键。

4. 确定用于评估的资源和数据

这一步是计划的一部分，可用来确保组织有适当的资源来高效执行。在资源方面，考虑的不仅仅是人，还可能是额外的软件、培训、工具或文档更改等等。数据可以归结为如何评估进展和成功，拥有适当的数据意味着组织可以提供关于进展和成功的数据依据，而不是一种感觉或者直觉。

5. 沟　通

沟通是成功的真正关键，这是大多数变更管理框架共同拥有的黄金点，它贯穿变革管理的整个实践，非常重要。

清晰、开放的沟通渠道是成功实施流程变革的基础。沟通让个人有发泄失意的途径，庆祝什么有效，回顾什么无效。沟通是让每个人都站在同一边、透明的关键因素。

6. 评估阻力、依赖性和风险

变革的最大风险之一是抵制，这很正常，在每个组织都会发生。大多数抵制是因为对未知事物的恐惧。更一般地说，组织所做的每一个改变都有一定程度的风险，也许它并不会有预期的效果。

组织可以通过使用工具和知识武装自己的团队和领导层来应对阻力，以帮助顺利过渡。

7. 庆祝成功

认识到过程中的微小增量变化以及最终的成功。组织朝着正确的方向迈出的每一步都是积极的，每一步都应该庆祝。团队努力工作以取得成功，特别是在变更持续很长一段时间的情况下，庆祝他们的成功并认识到他们的努力将使人们继续前进。

8. 不断改进

变革管理可能非常困难，因为这是一个持续的过程，需要在适当的时候进行调整来确保成功。持续改进应该贯穿整个过程,就像沟通一样,这可以帮助组织识别并解决沿途的障碍。

现在,我们已经更详细地探讨了这8个步骤,让我们看看可以在组织中使用的一些变革管理模型。

7.2 变更商业模式

有许多框架可用于在业务中执行更改,与所有框架一样,有些框架比其他框架更适合你的业务,而有些框架只针对特定场景的。不应该试图让企业适应这个框架,相反,应该让框架适合你的业务。

在本节中,我们将了解4种业务变更模型,它们可以如何使用,以及它们教给我们什么。我们甚至可以从多个框架中获取元素,并将它们放入自己的框架中。框架有以下几种。

- Kotter的变更管理模型;
- Roger的技术采用曲线;
- 意识、欲望、知识、能力、强化的ADKAR模型;
- 设想、激活、支持、实施、确保、识别的EASIER模型。

让我们更详细地了解每种模型。

7.2.1 Kotter的变更管理模型

第一个模型是Kotter的变更管理模型,这是约翰·科特博士提出的,他是管理顾问,也是商业、领导力和变革领域的思想领袖,也是Kotter International的创始人,该公司将Kotter的领导力研究应用于帮助组织实施大规模变革。与本章前面讨论的模型一样,Kotter的模型也是一个8步模型,可分为 3 个阶段，这些阶段如下所列。

- 创造变革氛围；
- 使组织参与并发挥作用；
- 实施和维持变革。

Kotter 模型中的步骤如下所列。

1. 围绕变革形成紧迫感；
2. 形成一个强大的、管理变革的联盟；
3. 创造变革的愿景；
4. 传达愿景；
5. 授权行动；
6. 产生短期胜利；
7. 深化变革；
8. 稳固变更。

步骤 1 到 3 是第一阶段，步骤 4 到 6 是第二阶段，步骤 7 和步骤 8 是第三阶段。

Kotter 在 1995 年推出了这个 8 步模式。Kotter 指出，前面的一个步骤失败，整个变革计划也将失败，图 7.1 是模型的直观表示。

Kotter 模型的一个主要优点是这些步骤是可操作的，并且以清单的形式存在。这是一个循序渐进的模型，清晰易懂，并对过程中的步骤进行了详细描述。

不过，它有一个局限性，即它缺少任何度量步骤，而且实现起来很耗时。学者们还指出，随着时间的推移，这是一个不遵循任何线性路径的流动过程。

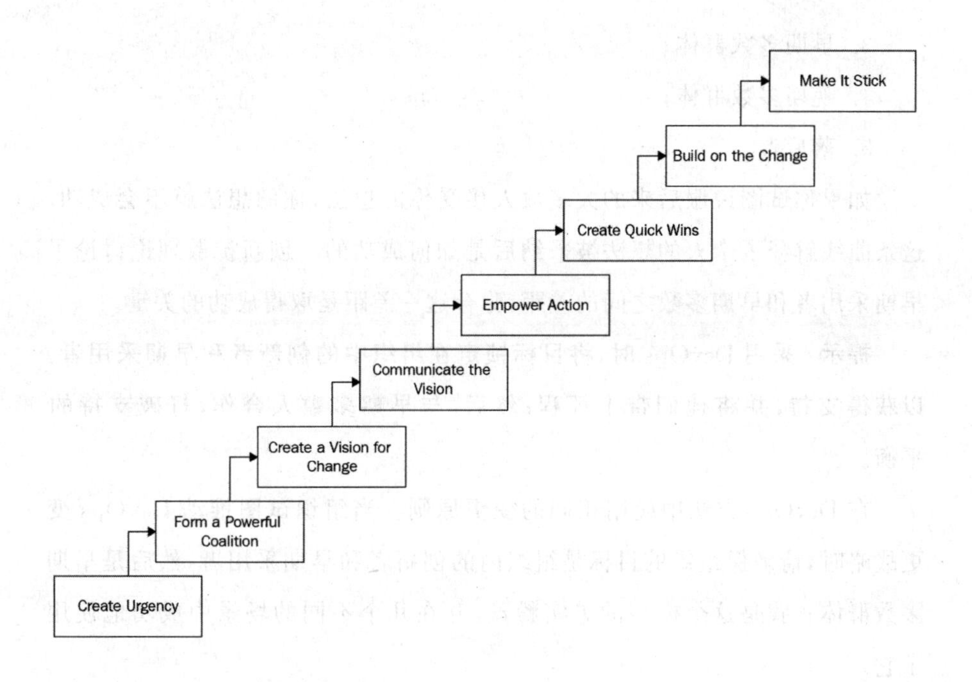

图 7.1　Kotter 模型

7.2.2　Roger 的技术采用曲线

与变更管理模型有一个稍微不同的模型是技术采用曲线。该模型用于定义采用时间框架,并在流行文化中有一些用途。Simon Sinek 在他的 TED 演讲《从为什么开始》中谈到了技术采用曲线,Sinek 将此称为创新扩散定律。

1957 年乔治·比尔、埃弗里特·罗杰斯和乔·博伦提出该模型,技术采用曲线最初应用于农业,后来应用于技术。技术采用曲线旨在通过 5 个不同阶段突出社会对新思想的接受程度。

1. 创新者;

2. 早期采用者;

3. 早期多数群体；

4. 晚期多数群体；

5. 落后者。

如果你试图说服后来的大多数人接受你的想法，你的想法就不会成功。这条曲线解释了个人的想法被采纳后是如何成功的。创新扩散理论讨论了早期采用者和早期多数之间的差距，弥合这一差距是取得成功的关键。

提示：采用 DevOps 时，将目标锁定在组织中的创新者和早期采用者，以获得支持，并将他们带上征程；然后，与早期多数人合作，打破支持的平衡。

在 DevOps 方法中应用相同的变更原则。当组织试图推动 DevOps 变更战略时，请确保组织的目标是组织内的创新者和早期采用者，然后是早期多数群体。我是这个模型的忠实粉丝，并在几个不同的场景中成功地使用了它。

7.2.3 ADKAR 模型

ADKAR 模型是一个以目标为导向的模型。该模型由 Prosci 的创始人杰夫·希亚特(Jeff Hiatt)创建。该公司专注于帮助客户成功，并在世界各地设有代表处。

ADKAR 是一个缩写词，代表了组织内部实现持久变更所需的 5 项具体成果。这 5 项成果如下所列。

- 意识；
- 渴望；
- 知识；
- 能力；
- 强化。

该模型以其自身的方式严格遵循Kotter模型的步骤,同时,ADKAR模型也分为三个阶段,即当前、过渡和未来。该模型在组织变更框架内奖励个人变革。然而,该模型的缺点是在较大的组织中使用它很麻烦。

7.2.4 EASIER模型

EASIER模型遵循6大步骤。它是由大卫·侯赛尔提出的。我们可以看到大卫·侯赛尔在其模型中描述的步骤与其他框架的相似之处。EASIER模型的6个步骤,如下所列。

1. 展望;
2. 激活;
3. 支持;
4. 执行;
5. 确保;
6. 认可。

这个框架的一个局限是严重依赖领导效能和响应,不过,清单式的变更管理方法是一个巨大的便利,这使得它很受人们的欢迎。

现在,我们已经了解了业务变化的模型,以及如何将它们用于组织。现在让我们来看一下流程更改的影响。

7.3 人对过程变革的影响

员工是组织的心脏,与员工一起工作,组织变革很可能比人们不参与的变更更有成功的机会。

当你经历任何组织变革时,尤其是那些可能改变所涉及人的角色和责任的时候,这种影响对组织内的人的影响就很重要,并且不仅仅是那些直接受到影响的人，还有那些被间接影响的人。

7.3.1 直接影响

当我们谈论直接影响时，指的是直接受变革影响的员工，这包括其岗位或职责将因变革而改变的人员。产生的最大影响将直接以抵抗的形式出现。我们在第 5 章“避免 DevOps 中的文化反模式”中讨论了抵制的原因。

- 害怕失去工作；
- 沟通不畅；
- 缺乏信任；
- 对未知的恐惧；
- 时间安排不当。

这些都是很好的理由，以我的经验来看这很常见，但直接影响产生的原因呢？考虑以下 3 个因素。

- 把人们推出舒适区；
- 扰乱社会安排；
- 地位的降低。

现在让我们更详细地了解这三个原因。

1. 把人们推出舒适区

在我们的职业生涯中，会逐渐对自己所做的工作感到舒适。有些人喜欢走出自己的舒适区，但另外一些人根本不喜欢这样。不要认为组织中的每个人都迫不及待地想走出他们的舒适区；现实是大多数人都不希望走出舒适区。

因此，直接影响变化的后果之一是人们感觉自己被推到了舒适区之外。对于不喜欢这种安排的人来说，这将会令人不安。需要在人们离开组织之前解决此问题。

我们已经讨论了很多关于沟通和透明度的重要性。这两个方面都很关键，组织可能无法解决这一领域的所有冲突，但良好的沟通和透明度将使解决过程更加容易。

2. 扰乱社会安排

历史和大多数管理文章都告诉我们，工作与生活的平衡对员工的心理健康极其重要。这种平衡一部分是员工与办公室内外圈子的社会安排。

任何破坏这一点的行为都会让人们感到紧张，并质疑这一改变的有效性。是的，这是一种抵抗形式，就像我们正在探索的另外两个原因一样，但是你会惊讶地发现这个原因经常被忽视。

如果你在一个跨越多个地区的大型组织中工作，请不要忘记文化方面的影响。组织的变更可能会对文化日程中的重要日期产生负面影响，但对自己的日程无害。

3. 地位的降低

大多数人会告诉你，职位和在企业中的地位并不重要。然而，正如这篇关于 Glassdoor 的文章所指出的，随着时间的推移，职称将有助于显示职业发展，反映工资，并可能决定未来的职责。因此，任何能够通过降低地位来抑制这种进步的东西都会被质疑。

因此，在处理影响角色和职责的变更时要小心。头衔的变化最终可能会让人觉得某人被降职了，希望这不是组织变革的意图。

现在我们了解了直接影响，让我们看看间接影响。

7.3.2 间接影响

与直接影响相反，我们需要将间接影响视为一种情况，即受变革直接影响的团队为另一个团队做一些关键工作；另一个团队现在受到组织所做变革的间接影响。

提示：组织往往考虑直接影响和处理好直接影响，而忽略间接影响。但是这种间接影响最终可能会使变革失败，所以组织需要仔细考虑后果。

处理间接影响可能很棘手，因为在它成为一个问题并且你必须解决它之前，你甚至可能不知道它。尽早识别此类影响对整体成功至关重要。间接影响的一些例子如下所列。

- 雇员的健康；
- 影子 IT；
- 流程依赖性。

让我们更详细地了解这三个原因，以便更好地理解它们。

1. 雇员的健康

我们从工作与生活平衡的角度简要讨论了心理健康，但员工健康远不止这些，这关系到员工的整体健康。工作条件、环境和其他因素的突然变化可能对员工的健康产生不利影响。

仔细考虑组织所做的变革对健康的影响，也许并没有产生影响，但是考虑它仍然很重要，员工们也会感谢组织已经讨论并考虑过的这一事实。

2. 影子 IT

我们都知道，也都经历过影子 IT。这是独立的团队在中央 IT 团队的控制之外，执行自己的服务和运行自己工具的地方。我们对影子 IT 要格外小心。

影子 IT 负责一项业务的关键服务，这会造成团队的职责被打乱而导致该服务的稳定性出现问题。

在不中断组织创新的情况下管理影子 IT 是一个棘手的平衡问题。有关如何管理的一些想法，请参阅 Tech Republic 的关于如何管理影子 IT 的文章。

影子IT对组织中的人员有着巨大的影响,影子IT通常是未经追踪和解释的工作,因此它通常与人们的日常角色一起存在。

3. 流程依赖性

即使已经在组织内创建价值流图或运行流程图,也可能会错过流程之间的依赖关系。如果这些依赖项是手动移交的,那么组织则会丢失它们。

因此,在创建价值流或流程图时,与合适的人交谈非常重要,这样可以确保经过多次传递,依赖项不被丢失。从而降低丢失流程依赖项的风险。

这里的风险是,如果缺少其中一个依赖项,当组织更改主流程时,将破坏下游的其他内容。这会对下游人员产生不利影响,这可能会增加他们的工作量,也可能会对他们施加不当的压力,要求他们解决一个可能无法解决的问题,因为某些事情已经改变了。现在,让我们来看看组织内部流程变革的一些常见挑战。

7.4 流程变革的共同挑战

实现一个变革管理框架,比如我们前面在业务变革模型中讨论的框架,它有自己的一系列挑战,有时这些挑战可能相当复杂。以下是阻碍实施变革的几个常见挑战。

- 组织阻力;
- 缺乏既定目标;
- 战略一致性差;
- 从工具开始;
- 低估变革框架的需求;
- 多米诺效应。

让我们更详细地了解它们的影响。这里我们不会讨论组织阻力,因为我们之前已经讨论过这一点。

1. 缺乏既定目标

目标至关重要。组织必须有明确的目标，这样就知道如何衡量他们的成功，知道前进的方向。当组织没有确立目标时，就很难知道自己的方向，并且很快就会迷失方向。

当组织确立了清晰明确的目标时，每个人都会知道自己需要走向何方；每个人都会知道成功是什么样子。

2. 战略一致性差

战略一致性差或缺乏战略一致性会扼杀变革，组织必须与所有利益相关者达成明确一致的战略，没有明确的战略一致性将导致转型项目失败。

实现强有力的战略一致性的一种方法是遵循以下步骤。

1. 从高层开始，目标设定必须从执行团队开始；
2. 创建一系列目标；
3. 推动一致性和问责制；
4. 鼓励持续沟通。

这是什么意思？战略一致性是确保流程更改与业务目标一致。当两者之间存在不匹配时，以后就会出现问题。当组织保持一致时，会有一个更平稳的变化过程。

3. 从工具开始

我坚信，当组织开始使用任何与 DevOps 相关的工具时，可能会失败，因此组织必须首先考虑文化、人和过程。

在了解问题之前就使用工具是一场灾难。当涉及到工具和流程，尤其是自动化时，会使较差的流程运行得更快。在使用工具之前，组织首先需要对它们进行处理。

企业架构的一致性和战略也很重要。由于有这么多可用的工具，企业很容易迷失方向并部署任何似乎可以解决问题的工具。用不了多久，组织的环境中就会有大量的工具。企业架构需要着眼于实现标准和流程,并调整新软件的标准需求集。在组织中实施新工具时,这些需求是关键。

4. 低估变革框架的需求

一般来说,当组织忽视变革举措对人的影响时,就会出现阻碍,从而无法实现预期的结果。对于流程管理,许多组织的员工参与度有限,不理解、不关心,甚至不同意流程的员工大有人在。员工参与可以构建员工支持,并克服公司阻力。

5. 多米诺效应

报告流程管理工作没有预先确定目标的组织可能会面临进一步的挑战,例如缺乏战略协调、沟通不足或缺乏IT工具。而沟通不足又会导致管理变革方面的若干挑战,包括对组织的抵制和对变革管理的需求。

7.5 总 结

在本章中,我们讨论了如何在组织内有效实施变革。作为这项工作的一部分,我们研究了帮助实现这一目标的8个步骤,以及在组织中用于帮助变革的4种变革模式。我们还研究了流程变更对组织内人员的直接和间接影响。最后,我们介绍了在组织内部实施变革时可能面临的常见挑战。

接下来,我们将关注流程的持续改进,当组织已经完成了改进流程时,如何更进一步改进流程?我们将研究一些持续改进的技术,迭代流程的更改,以及如何跟上更改的步伐。

7.6 问 题

现在让我们回顾一下我们在本章中学到的一些知识。

1. 哪种模型有助于定义时间线而不是实现框架？

   a、Roger 的技术采用曲线

   b、ADKAR 模型

   c、Kotter 的变革管理模式

   d、EASIER 模型

2. 对于有效变更来说，通常最重要的步骤是什么？

   a、确定需要改进的方面

   b、改进

   c、沟通

   d、庆祝成功

第8章　流程的持续改进

持续的反馈和改进是 DevOps 的关键要素。持续学习 DevOps 的各个方面并提供反馈以进一步改进组织的工作,并为业务提供更多价值的能力是 DevOps 的一个基本支柱。本章介绍持续反馈的技术、迭代流程变更,以及如何确保每个人都能及时了解变革。

在本章中,我们将介绍以下主题。

- 持续改进和反馈的含义;
- 持续改进和反馈的技术;
- 迭代对流程的更改;
- 跟上变化。

8.1　持续改进和反馈的含义

持续改进是改进服务、产品或流程所需持续努力的过程。这个过程可以在一段时间内以迭代的方式多次完成,也可以一次完成,如何做到这一点取决于我们希望做出改变的程度。持续反馈有许多不同的用途,包括向员工提供绩效反馈等。组织还可以在产品开发中使用持续反馈,以获得对产品性能的宝贵意见,讨论员工绩效优势和劣势的系统方法也适用于产品领域和 DevOps。现在让我们更详细地了解持续改进。

8.1.1　建立持续改进的文化

DevOps 的概念主要是围绕所有持续的事物构建。DevOps 中的许多术语也将其包含在其中，例如连续集成和连续部署。持续是一个很好的实现层次，持续的集成、测试和部署等工作都是为了消除软件交付过程和工具中的瓶颈。

持续改进着眼于消除 DevOps 系统和流程中的瓶颈，然而，创造一种持续改进的文化并不特定于技术或 DevOps。建立一个成功的持续改进文化就是要确保组织将原则灌输到每一个领导层。随着时间的推移，组织必须克服惰性和不愿改变流程或常规的想法。

现在让我们更详细地了解持续反馈。许多行业已经有了围绕持续改进的成熟实践和方法。我们可以从精益诞生的制造业中学到很多东西，在精益生产中，持续改进被称为改善，让我们更详细地讨论这个问题。

8.1.2 理解和实施改善的原则

Kaizen 诞生于 30 多年前，这要归功于 Kaizen Institute 的创始人 Masaaki Imai。今天，在竞争优势方面，改善被认为是一个关键，改善基于以下 5 个原则。

- 了解你的客户，确定他们的兴趣，以便改善他们的体验。
- 顺其自然，组织中的每个人都应该努力增加价值，同时减少浪费。
- 去现场考察，在发生事情的地方创造价值。
- 赋予员工权力，绩效和改进应该是有形和可见的。
- 透明，为团队设定相同的目标，并提供实现这些目标的系统和工具。

改善最著名的案例是丰田生产系统（简称 TPS）。这个案例的期望是当检测到异常时，所有生产人员停止他们正在做的事情，并提出改进建议以解决问题，这就可能会发生改善。

改善循环基于 PDCA 定义了 4 个步骤：

1. 计划；

2. 实施；

3. 检查；

4. 处理。

其基本概念是识别系统中的任何浪费并快速将其清除。在第 7 章“在组织中实现流程变更”中，关于用价值流图推动流程变革，我们讨论的一个标志是启动改善突发事件。如果回想第 7 章，并想想我们在这里讨论的内容，这就是我们可以看到这两个活动之间联系的地方。

价值流图用于规划和识别活动和浪费，然后利用改善突发事件消除浪费。突发事件是指为解决浪费和实施新流程而执行的活动。

另一个常见的持续改进模型是六西格玛模型（https://en.wikipedia.org/wiki/Six_－Sigma）。Kaizen 和六西格玛是组织实施 DevOps 中经常用于持续改进流程的两种模型。其主要区别在于，Kaizen 旨在通过建立标准的工作方式、提高效率和消除业务浪费来改善整个业务；六西格玛更关注输出质量（最终产品），这可以通过识别和消除缺陷源来实现。精益就是要消除浪费，通过减少过程浪费来提高过程速度和质量。

现在让我们看看如何在组织中建立持续反馈的文化。

8.1.3 建立持续的反馈文化

如果持续改进是用于改进流程和系统的方法论，那么持续反馈就是强调变革机会的机制。与持续改进一样，持续反馈不是 DevOps 独有的想法或模式，而是从员工管理世界中汲取的灵感。持续反馈可以被认为是非正式的，但是，确实存在工具和流程来定义如何收集、处理反馈，甚至采取以下行动。

- 清晰地传达愿景和目标；
- 了解持续反馈的目的；

- 提供分享反馈的渠道和工具；
- 确保对给出和收到的反馈负责；
- 教育团队持续反馈的重要性。

现在让我们更详细地了解持续反馈的这 5 个关键要素。

1. 清晰地传达愿景和目标

如果不清楚地传达组织的愿景和目标，团队很难就如何改进提供反馈。只有当团队清楚地了解愿景和目标时，他们才可以轻松地就需要更改的事项提供高质量的反馈。

当组织了解愿景和目标的背景时，反馈可以让团队直接思考流程、系统和工具的哪些部分需要更改，以使组织有更多的机会实现其目标。

2. 了解持续反馈的目的

提供良好的反馈不仅仅是说“干得好”或“你执行得不够好”的反馈。还应该包括提供了具体的例子和详细的解释。反馈应该尽可能具有描述性和实时性。

反馈可用于绩效管理，这与个人、产品或服务等资产无关。反馈有助于确定改进和确定优势的领域，通过反馈，这些领域可以分别变得更好，甚至更强。

提示：持续的反馈不应该仅仅来自领导者。它应该来自每个人，并且无论它来自哪里，都应该得到同样的对待。

从团队的角度来看，这也让他们能够以建设性的方式表达自己的观点和担忧，特别是当组织开始进行 DevOps 转换时，这是一种让每个人都参与进来的有效方式。

3. 提供分享反馈的渠道和工具

提供途径(称为渠道)来共享反馈至关重要。每个人都喜欢以不同的方式参与反馈。你会发现一些人使用同一个频道，另一些人使用另一个频道。

个人反馈会议，以及小组反馈会议提供了一个很好的平衡，你会发现组织会从这两个会议得到很好的反馈。小组反馈会议的一个好处是组织会发现来自一个人的反馈可能会刺激类似的反馈或对该反馈的验证，这可能是一个强有力的练习。

不要低估匿名反馈的力量。即使在文化成熟的环境中，可以将每一个好的反馈都归于一个人，但事实是，人们有时希望匿名提供反馈。这种方法没有错，匿名反馈应该受到欢迎，组织应以同样的方式采取行动。

4. 确保对给出和收到的反馈负责

无论反馈是否匿名，无论是提供反馈还是收到反馈，关键是有人对反馈负责。组织需要拥有这些反馈，每个人都需要致力于持续反馈的文化。

为了改变文化，反馈需要一致性。它有助于在横向和纵向推动问责制和透明度。确保反馈是公开的，如果可能的话，组织所采取的行动以及为决定要采取的适当行动应该是公开的。

5. 教育团队持续反馈的重要性

培训和沟通在这里很重要，因为这两个方面可以让组织强调实施该计划的原因、好处以及工作方式。

向员工强调积极反馈和消极反馈是平等的。无论是员工绩效、产品绩效还是服务绩效，正面和负面反馈都能帮助组织提高。

现在我们了解了什么是持续反馈和改进。现在让我们看看可以用来在组织内实现它们的技术。

8.2 持续改进和反馈的技巧

在本章的开头，我们简要地讨论了改善的使用，并快速提到了六西格玛，这两种方法都可以用于实现持续改进，现在让我们来看一下可以用于持续改进的技术。

8.2.1 持续改进过程

正如我们在上一节中所讨论的，PDSA 周期代表计划、实施、检查和处理，这背后是一个 6 步模型，它是一种利用数据进行规划、排序和改进工作的系统方法，是 PDSA 模型的精化，使用的 6 个步骤如下所列。

1. 识别机会；
2. 分析根本原因；
3. 采取行动；
4. 研究结果；
5. 标准化解决方案；
6. 规划未来。

这些不同的步骤是连续的，是持续改进过程的重要组成部分。组织持续改进计划应始终与组织的愿景、目标和优先事项联系起来。

让我们更详细地了解这 6 个步骤。

1. 识别机会

组织可以通过几种不同的方式确定流程改进的机会。一个机会可能来自持续的反馈，其中需要突出一个问题，其结果就是改进的机会。

它也可能来自与流程一起工作团队的个人反馈，或在不太成熟的环境中，持续反馈回路尚未完全建立，但运营问题或投诉已经触发审查。

2. 分析根本原因

在开始纠正问题之前，组织需要了解问题是什么，产生问题的根本原因是什么。记住，在某些情况下，问题的发生是因为一连串的事件，所以不要在发现第一个问题时就停下来，继续向前看，找出可能引发连锁反应的最早问题。

不过，分析并不止于此。当组织知道根本原因是什么时，需要验证这些发现，根据过程，组织要证明这确实是根本原因。

3. 采取行动

当组织准备采取行动时，需要分为两步。首先，需要能够计划纠正问题的行动。请记住，解决这个问题可能需要采取许多行动。

第二步是实施这些计划的行动，实施该计划需要采取几项行动。在这里，传达计划至关重要，让合适的人到位对于帮助变更取得成功也很重要。

4. 研究结果

确认已采取和实施的行动也很重要。组织需要监控与其所更改的流程，以及任何相关输出和指标，以确保更改有效且没有产生不利影响。

在计划过程中做好准备，制定一条路线，在变更失败时退出，并在需要时进行微小的增量变更，以使变更成功。

5. 标准化解决方案

通过定期监控，组织可以看到监视的结果是否一致和确定。在这一点上，组织必须确保持续保持改进的绩效水平。

有时，组织需要进行进一步的更改，以使这种标准化方法贯穿整个组织，组织应该确保为这些事情做好计划。

6. 规划未来

完成目标后，请后退一步，简单地回顾一下也会有所帮助。与团队合作确定哪些进展顺利，这是一种持续的反馈形式，组织在这里学到的东西可以在下次更改流程时应用。任何因变更而产生的遗留问题也需要在此处进行说明和规划。

现在，我们已经了解了持续改进涉及的6个步骤，让我们看看可以在组织中使用的其他持续改进技术。

8.2.2 其他持续改进技术

我们刚刚介绍了一个持续改进流程的示例，可以在组织中使用该流程来帮助实施持续改进。当然，还有很多其他的框架和技术，让我们看看其中的一些例子。

1. 每日会议

几乎所有组织都会练习的、最常见的敏捷实践之一就是每日会议，有时称为每日站立。每天的会议可以成为寻找改进机会的灵感来源。

让整个团队在简短的电话会议上讨论障碍，将使人们有机会就可以采取的措施发表意见，以消除阻碍，这甚至可能是解决瓶颈和改善突发事件的机会。

2. 接球会议

这是一种精益技术，涉及将想法从一个人或一个团队转移到另一个人或团队以获得反馈。严格地说，这也可以是一种持续的反馈技术。

这种方法意味着组织中不同级别的人员都可以提供反馈，并为想法的发展做出贡献。在 DevOps 中，它也可以是任何东西，这通常是一种产品或服务。

3. 现场走动管理

你可能没听说过现场走动管理，但很可能以前见过。这种做法包括领导四处走动，提出问题，并与现场执行工作的人员一起确定改进机会，在此阶段实施未发现的改进。

现在，我们已经了解了可以在组织中使用的一些持续改进技术，让我们继续更详细地了解持续反馈过程。

8.2.3 持续反馈过程

简单来说,连续反馈或连续反馈回路可以简化为4个简单步骤,这4个步骤如下所列。

1. 评估;
2. 修改;
3. 计划;
4. 实施。

上面概述的4个步骤与我们前面讨论的持续改进过程有着非常密切的关系。上面概述的持续反馈流程可以确保组织有适当的流程来获取反馈、评估反馈的含义、计划如何采取行动,然后实施该计划,这就是需要持续改进的地方。

现在让我们来看一下可以在组织内使用的其他持续反馈技巧。

8.2.4 额外的连续反馈技术

大多数持续反馈技术来自员工绩效管理领域和人力资源部门;不过,可以在产品和服务反馈中使用许多这样的技术,让我们看看其中的一些技术。

1. EDGE 框架

Zoomly Dawn Sillett 的创始人概述了 EDGE 反馈框架。它是解释、描述、给予和积极结束的首字母缩略词,它提供了一个清晰的结构,旨在提高清晰度,并从反馈中提供可操作的结果。

该框架的每个组成部分都旨在以持续的方式提高绩效。

2. 360 度反馈

360 度的反馈是从多个来源收集反馈的任务,以建立更大的绩效图景。

从人的角度来说，这来自领导者、管理者、同事和同龄人。

在 DevOps 世界中，这可以来自不同的产品经理、工程师、安全团队、客户和其他来源。想想组织是否希望 360 度反馈是匿名的，就质量而言，这是一个重要因素。

跨团队反馈很好，但请记住，并非所有团队都有相同的文化。如果没有提供匿名反馈的机制，有些人可能会不够诚实。

3. 反馈比率

不同的研究表明，正反馈和负反馈的比例应该在 3∶1 到 5∶1 之间，这当然是在与人合作时，但流程、产品或服务的反馈是类似的。无论组织使用的是哪种比率，都要确保反馈是积极的，而不是消极的。强调积极反馈有助于创造一种改进和实施的文化。

现在我们已经了解了业务中可用的连续反馈技术，现在让我们看看迭代对流程的更改。

8.3 迭代对流程的更改

与应用程序代码一样，采用迭代方法来更改流程也很重要。当涉及到程序代码时，我们就采用迭代的方法，这样如果出现问题，我们就可以很容易地知道做了哪些更改、是谁做的以及为什么要做这个更改。它提供了对正在发生的事情的完整跟踪。

当涉及到对流程的迭代更改时，我们需要同样的可跟踪性和透明度。这样，在任何时候如果我们需要了解发生了什么以及原因，就很容易识别这些信息；其次，在进入下一个变化之前，我们可以看到变化的影响。

这适用于从技术流程到业务流程所有类型的变更。最大的影响并不是来自对这些过程的个别更改，而是来自对同一组过程或同一过程进行大量更改的大型更改计划。

当我们在迭代中工作或者在敏捷方法 Sprint 的过程中工作时，结果是清晰的、有影响力的，并且跨越多个学科。事实上，在产品的原型设计、测试、分析和改进中，迭代设计通常被用作一种设计方法。

8.3.1 迭代设计过程

请记住，在设计新流程时，和在产品设计中一样，在开发周期的早期阶段进行更改更容易，实施成本更低。

在迭代设计中，第一步是创建原型。组织也可以对流程执行同样的操作。使用组织拥有的所有需求和工具，在原型流程上开始工作，并通过场景进行工作，记录结果，这是关于流程工作方式的宝贵反馈。

焦点小组也用于迭代设计过程，就像获得 360 度反馈，或改善的某些要素一样，他们努力从特定人群中获得关于特定问题的反馈。

迭代设计通常是一个连续的过程。到目前为止，我们在本章中讨论的技术已经教会了我们这个持续过程的要素。

迭代设计是一种面向不可预测用户的需求和行为的方法，这可能导致设计中的重大变化。在面对用户测试时，用户测试通常表明，即使是经过仔细评估也可能不够充分。因此，重要的是尽可能将迭代设计方法的灵活性扩展到系统中。设计师还必须认识到用户测试结果可能会导致根本性的变化，这要求设计师准备好放弃他们的旧想法，转而采用更加用户友好的新想法。

8.3.2 迭代设计的好处

当正确应用时，迭代设计是确保最佳解决方案到位的一种方法。当在开发的早期应用迭代设计方法时，也可以显著节约成本，关键好处包括以下几点。

- 误解在过程的早期变得明显；
- 鼓励用户反馈；
- 开发集中在对项目最关键的问题上；
- 设计和要求之间的不一致在早期被发现。

在本节中，我们介绍了一些持续改进和反馈的技巧。接下来，我们将研究如何跟上组织的变化。

8.4 跟上变化

除了个人的日常角色外，员工还可能很难跟上他们所在领域的技术变化，以及他们在当前 Sprint 中所做的所有工作，同时也很难考虑未来的工作。这些改变都很难跟上，因此，再加上组织正在进行的流程更改，这将更加困难。

在处理变更时，组织需要能够管理其内部的变更速度。当然，流程更改非常重要，它们是作为一个组织如何改进的方式，但它们可能是人们最快忘记的事情。

流程更改通常会失败，因为更改无法在组织中保持不变。由于在大多数组织中都有许多相互竞争的事情，而且有许多信息需要掌握，因此许多人会很快地忘记了先处理信息。

以下内容会使员工更容易做到这一点，并使组织的流程更改保持不变。

- 有效沟通；
- 知识转移；
- 接触主题专家。

现在让我们更详细地了解这 3 个方面。

8.4.1 有效沟通

拥有一种有效的沟通方法是使组织的流程更改在组织中保持不变的一部分。

1. 工作组

作为一个正在实施流程变更的工作组，组织可以在整个流程中设置会议，以确保所做的变更是小规模的，并且可以频繁地进行沟通。人们更倾向于使用较小的信息块，尤其是当他们有很高的工作负载时。考虑亲自建立工作组，实际上是最大化出勤率。

2. 协作工具

协作工具(如 Microsoft Team 或 Slack)可以有效地将这些重要主题上的通信分组在一起。可以使用“通道”或“组”的概念创建流程组，并要求每个人定期检查并发布更广泛的公告。

这种方法的好处之一是共享的通信和信息可供人们回顾，参加会议的缺点是人们不总是做笔记，协作工具可以通过确保每个员工可以查看历史信息来解决此问题。

3. 集团范围内的电子邮件

根据经验，发送给许多人的全集团通用电子邮件不起作用。这种交流不够个人化，无法吸引人们并让他们正确地观看内容。

如果组织采用这种方法，应该考虑一些事情，使其更有针对性，而不是一个保持人人参与的全面沟通。

8.4.2 知识转移

知识的转移很重要。我们刚刚讨论了协作工具的使用，我们使用它们来帮助传递知识并集中存储文档，以便所有流程文档和流程图都有一个主版本。

每个人接收信息的方式都不一样，重要的是要考虑到这些情况，首先要确保这些知识的集中存储，Wiki 是帮助实现这一点的绝佳工具，在适用的情况下，它向所有人开放，并且可以进行编辑。

8.4.3 接触专家

正如我们刚才讨论的那样，拥有适当的工具和沟通方法，以及知识转移当然很重要。不过，我们能做得最简单的事情之一就是确保组织的主题专家有时间与需要帮助的人合作。

我以前实施过的一种常见方法是让主题专家与受影响的团队坐在一起，这样，如果他们有问题，他们可以直接提问，这就无需提出正式问题并等待电子邮件回复。

这样做的另一个好处是，可以增加组织内人员之间的协作，而且这会带来更长期的好处，因为合作的人员越多，它就越有助于建立开放的文化，进而建立信任。

8.5 总 结

在本章中，我们讨论了持续改进和持续反馈的主题；我们研究了改善原则以及如何在组织中建立有效的持续改进和反馈文化；我们还讨论了如何使用迭代设计对过程进行迭代更改，以及如何跟上组织中的更改速度。

本章中学习的技能将帮助组织和他的团队在 DevOps 的旅程中不断改进，不仅仅局限在最初的转型期间，而且正如我们所讨论的，在 DevOps 在组织中不断发展的过程中也会有所帮助。

在下一章中，我们将介绍 DevOps 的技术堆栈；我们将查看可用的 DevOps 工具组，了解工具在 DevOps 中的帮助，以及 DevOps 工具的优缺点。

8.6 问　题

现在让我们回顾一下我们在本章中学到的一些知识。

1. 持续改进和反馈有何不同？

   a、持续的反馈是关于收集而不是行动

   b、持续改进就是根据反馈采取行动

   c、模型是一样的

   d、模型完全不同

2. 什么样的设计过程与过程变更保持一致？

   a、单元测试

   b、迭代设计

   c、连续部署

   d、持续集成

第四部分

实施和部署DevOps 工具

工具可以增加组织实施变革迄今为止所获得的价值,但重要的是要确保组织是以战略性的方式做到这一点,并了解其所涉及的步骤。

这一部分包括以下几章。

第 9 章了解 DevOps 的技术堆栈。

第 10 章制定实施工具的策略。

第 11 章紧跟主要的 DevOps 趋势。

第 12 章在现实世界的组织中实现 DevOps。

第 9 章　了解DevOps 的技术堆栈

向 DevOps 中添加工具是确保组织应用更上一层楼的关键。现在市场上有许多 DevOps 工具，理解现在和未来要实现的工具集可能是一项挑战。在本章中，我们将介绍 DevOps 中涉及的主要工具的优缺点。

在本章结束时，你可以期望了解不同系列的 DevOps 工具以及工具在 DevOps 中的作用，你还将了解 DevOps 工具的好处和问题。

在本章中，我们将介绍以下主题：

- DevOps 系列工具；
- 工具如何帮助应用 DevOps；
- 了解 DevOps 工具的好处；
- 了解 DevOps 工具的问题。

9.1　DevOps 工具

DevOps 生态系统中有许多不同的工具类别，其中一些工具的设计、开发和销售都有着极其特殊的要求；还有一些可以解决独特的问题而用于特定行业的工具。

当然，我们还会遇到一些工具，这些工具虽然特定于某个类别，但也适用于其他行业，还有些工具是在整个生态系统中提供服务的工具套件。

我们可以使用描述 DevOps 循环的传统图（图 9.1）来讨论工具不同的类别。我喜欢使用以下类别，这些类别与传统图表中给出的类别非常接近，但略有不同。

- 合作；
- 构建；
- 测试；
- 部署；
- 运行。

图 9.1　工具链阶段的可视化表示

让我们更详细地了解这些工具，以了解哪些类型的工具在生态系统各个部分中的具体使用情况。

1. 合　作

我在这个列表中添加了合作，因为合作在 DevOps 中非常重要，但是这在大多数传统的列表中都找不到。到目前为止，我们已经从文化角度以及涉及人员和流程的角度来看待合作，但工具对于合作也很重要。

我们可以在组织内拥有围绕合作的优秀流程、人员和文化，但最终如果没有适当的工具，我们仍然无法取得很大进展，扩展也将是一个真正的问题。

当我们想到合作时，很容易想到 Zoom、微软、Skype 等大公司，但是工具集要比这更广泛，合作也是知识共享。

阅读文档、GitHub 页面和 Apariy 等工具都是文档工具，它们也被归类为协作工具。知识共享在任何组织中都是重要的，但是在团队中，如果有高水平的协作和朝着 DevOps 实践的一致性发展，那么知识是极其重要的。有关产品的每一点知识都应该记录下来并集中存储,以便在任何人需要时都可以找到。

提示:将知识管理视为避免知识壁垒的一种方法。如果没有这些壁垒,组织就能够更好地扩展,并确保每个人都有平等的机会学习新技能和更多地了解产品。

知识还包括文档。在我看来,如果没有文档存在,我们就不能考虑完成一些事情。此文档可能是面向公众的,也可能仅针对内部团队,不管怎样都很重要。

2. 构　建

构建工具使组织能够将已开发的内容转化为以后可以部署到其他地方的内容,这会从源代码管理工具开始。到目前为止,最常见的此类工具是Git,它有多种风格,尽管 Git 技术可以在许多不同的源代码管理产品中找到,但其中最流行的是 GitHub。

工具还支持持续集成。这种做法需要从源代码管理存储库中获取工件,并通过称为管道的自动化工作流运行它们。在流程中,许多任务会被完成,流程的结果是一个可以稍后部署的有形工件。

构建工具也不仅仅与软件相关,组织还可以使用一些工具构建基础设施,这就是所谓的代码基础结构。如果正在使用容器,组织还将找到帮助构建容器的工具。

如果应用程序涉及到数据库的使用,还可以找到数据库工具来管理数据库模式和结构。

3. 测　试

对于 DevOps 工具来说,测试是最广泛的术语之一。在这里,我们将找到针对各种需求执行测试的工具。测试过程可以是任何东西,从开发人员对代码的单元测试,一直到用户验收测试和自动化 web 应用程序浏览器测试。

除此之外，测试还可以包括根据OWASP前10名的基线对应用程序进行安全扫描，静态和动态代码分析漏洞，以及进行负载测试以确保应用程序在负载下运行良好。

4. 部 署

在部署过程中，组织可以将构建和测试的应用程序工件部署到需要的地方。这可能是一个云平台，如微软Azure、亚马逊Web服务或谷歌云，它也可以是一个移动应用商店，甚至是一个内部数据中心。

如果程序要被部署到云平台或应用商店，那么你可能会将本机工具部署到这些环境。这些工具可能只会执行特定环境的部署，而不会执行其他任何操作。

如果正在编写供其他开发人员使用的可共享应用程序库，那么也可以将其部署到软件包管理存储库中，还可以获得支持此场景的工具。

如果使用的是容器，那么你也可能使用工件管理工具，此时工件将访问使程序能够将容器指向容器注册表(公共或私有)的工具。

最后，即使我们正在调配和部署虚拟机或其他类型的传统基础架构，也可以使用负责基线配置管理或调配基础架构的工具。在管理企业级基础架构时，这些工具可以节省大量时间。

5. 运 行

一旦部署了应用程序，就进入了运行阶段，此时，操作团队使用工具来管理应用程序。在这里，开发人员还可以使用多种工具来帮助监控应用程序性能和捕获异常。

运行阶段的一些工具可能是本机内置到正在使用的平台的，有些可能是额外的产品和工具。例如，可以在云平台中使用本机监控功能，然后使用应用程序性能监控工具来监控基础设施性能和应用程序性能。

从经验来看，这是许多组织缺少的一个工具领域；但是，正确的运行工具对于确保组织在基础架构和应用程序性能方面获得正确的技术反馈至关重要，这样组织就可以做出基于数据的决策。

现在，我们已经了解了 DevOps 工具链中不同系列的 DevOps 工具，现在让我们看看工具如何帮助实施 DevOps。

9.2 工具如何帮助 DevOps 应用

DevOps 利用其与敏捷开发的关系，寻求创建一种促进合作和价值流的文化。这是通过将可靠的原则和实践(如精益、约束理论和丰田生产系统)与敏捷开发相结合来实现的。

为了实现这一点，DevOps 要求组织在团队中实施文化变革，并采用自动化、版本控制、持续集成和交付等技术原则。与制造业类似，正确工具的集成对于在 DevOps 中充分实现技术实践的好处至关重要。

不过，需要注意的是，DevOps 不仅仅是关于使用工具，它是关于我们迄今为止所学到的一切的结合，以及与能够正确实现 DevOps 好处的工具的交互。

以下是一组很好的指导原则，可用于帮助组织选择正确的工具。

- 选择促进合作的工具；
- 使用加强沟通的工具；
- 倾向于使用带有 API 的工具；
- 始终鼓励学习；
- 避免使用特定于环境的工具。

现在，让我们更详细地了解这些准则，以便更好地了解如何应用它们。

9.2.1 选择促进合作的工具

团队之间有效合作的能力对 DevOps 的成功至关重要。有了专门针对合作的工具,很容易就会认为应该为此购买专用工具,但在 DevOps 工具链中,有许多不同的工具可用于增强团队之间的合作。

版本控制就是一个很好的例子,它实际上是 DevOps 方法的一个关键元素。当你试图鼓励更多的人使用组织中的版本控制工具时,需要考虑工具的影响。团队中值得信赖的成员可能对只使用命令行的工具感到满意,但其他人呢? 对于一些更习惯于使用用户界面的成员来说,使用命令行的工具最终可能会成为障碍。

提示:在本例中,用于版本控制的命令行工具是 DevOps 工具链的一部分,但人们并不熟悉,尤其是非开发人员。

在这种情况下,由于命令行工具的受众有限,合作机会就非常少。但是,如果采用版本控制平台,如 GitLab、GitHub、BitBucket 或 Azure DevOps,团队成员可以利用围绕文件更改的讨论,并在提交的代码中提交文件,这是一种合作形式。

这有助于与具有不同技能的人员合作,并鼓励更多的人学习如何根据自己的需要使用该平台,从而有助于鼓励合作。

我们在这里讨论的方法也适用于工具链的其他部分,而不仅仅是版本控制。它也不必仅仅影响一个新工具,这个方法也可能是在组织内现有的工具上实现的。

组织需要考虑权限对合作的影响。我曾多次与运营团队合作,他们拒绝让开发人员访问他们认为是他们自己的工具。如果组织想改进合作,请向开发人员开放该工具,结果自然是两个团队之间更好地合作。这里工具并没有更改,但是权限已经更改。

9.2.2 使用加强沟通的工具

根据我的经验,在使用 DevOps 方法构建现代软件平台的组织中,存在的最大问题，也是最常见的问题之一是团队的职责与其工具之间存在不匹配。

有时，当一种工具可以完成某项工作，但组织中可能有多种工具来完成这项工作；反之亦然，当团队需要多个工具，但组织只有一个工具。

对团队之间的互动及其沟通有效性有最大影响的行为是使用共享工具。共享工具有助于实现团队之间的合作，但如果组织需要明确职责界限，那么使用单独的工具可能是最好的方法。我们在第 2 章“DevOps 的业务优势、团队拓扑和陷阱”中讨论了 DevOps 的业务优势、团队拓扑和陷阱，利用这一点可以了解哪种模型适合自己的组织。

如果开发团队和运营团队之间的工作关系密切，那么单独的系统只会导致这些团队之间的沟通不良。为了帮助这些团队高效工作，组织应该选择一种可以同时满足两个团队需求的工具。

提示：在考虑团队关系之前，不要为整个组织选择工具。

关键是要确保关注整个组织，部署为团队共享的工具，并且在需要的地方，使用单独的工具。

9.2.3 使用带有 API 的工具

基于服务的体系结构和 API 驱动的应用程序是云、本机或支持云计算系统的基石。提供自定义和高度自动化的工具是一个主要优势，其必须拥有功能齐全的 API 以及基于 HTTP 的工具。

从 DevOps 的角度来看，API 的使用允许组织使用许多不同的工具，并将它们作为流程的一部分连接在一起。符合这些标准的工具很重要，因为当组织为了新的事物而改变现有的工具时，很容易改变将所有东西链接在一起的管道。

使用此方法将工具链接在一起确实很容易，但是组织需要小心这个过程中未记录的脚本。为软件交付和操作过程提供动力的工具应被视为生产工具，这意味着能够正确地记录和发布这些工具。

许多处于成熟度等级较低的组织犯了一个错误，即在没有使这些工具正常工作和有效所需的操作支持的情况下使用新工具。

总之，组织的目标应该是通过组合多个 API 驱动的工具来获得新的功能。

9.2.4 始终鼓励学习

当查看 DevOps 工具链中的工具时，其中很多工具都相当复杂，尤其是当人们对该工具还不熟悉时。当工具很复杂时，我们不应该期望每个人都能够很快采用它们。

相反的情况也可能发生，当一个工具复杂且难以使用时，人们可能会自己蛮干而不使用它，这就是为什么组织必须考虑为使用新工具的人员提供培训的机会。

新工具的引入要求评估组织内更广泛的应用技能，然后为团队制定路线图，以改进工作方式。能够让人们有机会按照自己的节奏学习是至关重要的，因此，查看具有多个界面(如用户界面、命令行和 API)的工具可以让每个人都有学习的能力。

采用 DevOps 的过程是从手动到自动化的过程，这并不是每个人都会在同一时间待在同一个地方，所以组织需要给人们提升能力，特别是学习的空间，这将为人们成功地采用新的工具和方法提供最好的机会。

我们可以把这看作是一个渐进式的进化，通过引入复杂的工具来避免恐惧，让人们可以按照自己的节奏学习。就像敏捷通过 Sprint 增量改进一样，对待自己的工具要一视同仁，并且比起未来状态和大爆炸方法，我们应该更喜欢那些小的收益。

9.2.5 避免使用特定于环境的工具

随着 DevOps 的采用,组织交付的速度和频率都有所提高。这意味着要取得成功,组织需要在交付和运营流程中增加反馈循环。以技术为中心的人员应该尽可能多地学习生产的运作方式,以便他们能够生产出更可靠、更具弹性的产品。在部署到生产环境之前,还应测试工具对系统的更改。

任何只在生产环境中运行的工具都会出现问题,因为这会妨碍人们学习,并且生产环境被视为一种特殊情况,而不仅仅是应用程序运行的另一个环境。

为了尽可能有效,组织应该选择在所有环境下都能工作的工具;在某些情况下,这甚至包括开发人员使用的本地环境。注意按环境收费的工具,其便于部署或安装,并尽可能地寻找提供站点范围许可方法以降低成本的工具。

考虑 DevOps 的自动化方法,好的 DevOps 工具应该能够在每个环境中自动设置。远离需要手动部署的工具,在 DevOps 中,这些工具并不是好的选择。

当在每个环境中运行相同的工具时,这将提高团队之间的参与度并增加学习机会。将工具用于生产只会使人们失去学习机会。

总之,当涉及到特定于环境的工具时,要不惜一切代价避免它们。这些工具打破了围绕学习的反馈循环,也使得持续集成和交付变得困难。

现在我们了解了工具如何帮助组织应用 DevOps,接下来让我们看看 DevOps 工具的好处。

9.3 了解 DevOps 工具的好处

根据 Puppet 的 DevOps 报告(2017 年),“高效、准确地开发和交付软件的能力是所有组织的关键区别和价值驱动因素”。虽然这份报告可能已经有几年的历史了，但当我们谈论为什么要做 DevOps 时，它的内容仍然恰到好处。

报告发现，当涉及到效率、满意度、质量和组织目标的实现时，DevOps 组织超额完成的可能性是其他组织的两倍多。这些目标让我们对成功的 DevOps 组织有了深刻的了解，但是他们是如何做到的呢？

以这些关键点作为基准，集成正确的工具以成功应用 DevOps 技术实践将使组织能够实现以下好处。

- 提高代码和部署速度；
- 缩短新产品和新功能的上市时间；
- 降低新版本的故障率；
- 提高平均恢复时间；
- 提高可靠性指标；
- 增强协作和生产力；
- 消除大量制品和技术债务。

我们已经通过本章前面的一些示例探讨了增强协作和生产力的好处，所有这些好处之间的一个共同主题就是协作和沟通，但现在让我们以工具为例更详细地了解这些好处。

1. 提高代码和部署速度

如果没有适当的工具，就不可能准确地测量部署代码的速度。组织需要结合来自控制软件版本、积压工作管理工具和管道环境的信息，才能深入了解这些信息。

有了这个工具，并且有能力准确地报告代码部署速度是很重要的，它可以帮助一个团队更好地规划，并了解团队成员在一次 Sprint 中可以克服多少工作方面的限制性。

从长远来看，特别是当组织将这些信息与技术债务和正在进行的工作相结合时,了解这一点也有助于组织决定何时雇用更多的团队成员。

2. 缩短新产品和新功能的上市时间

沟通和协作是这一过程的核心,尤其是在这一过程的开始。当组织拥有好的工具来促进团队之间的良好协作,以及良好沟通时,他就有能力更快地将想法从初始阶段带到生产阶段。

组织需要将持续集成和部署添加到该工具中,一旦想法得到开发和测试,就可以通过各种测试,并在任何时候部署它。

这本身就是许多组织巨大业务的驱动力,尤其是那些从事软件业务的组织。如果你能比你的竞争对手更快地将想法推向市场,这将使你比他们拥有竞争优势,并最终使你的客户有更多的理由使用你的产品而不是对手的产品。

3. 降低新版本的故障率

当组织对管道进行了投资,使其能够始终如一地处理部署时的工作,这就突出了对反馈循环的需要。在本例中,该循环围绕着提高构建和发布管道的质量展开。通过引入对管道的监控,并使用许多现有 CI 和 CD 工具中的内置报告,组织可以获取显示管道执行成功的指标。

当失败发生时,组织将此视为一个学习机会,获取有关失败原因的信息,并找出可以采取哪些措施来提高质量,使其不再发生。这个周期,以及组织正在收集的信息,将降低发布的失败率,并帮助组织开发更高质量的软件。

4. 提高平均恢复时间

没有人喜欢应用程序宕机,无论基础架构设计得多么好,应用程序开发得多么好,程序都可能会在某个时候宕机。

传统上,单机环境或遗留工作环境对应用程序宕机时间及其影响有着苛刻的要求。如今,许多实施 DevOp 的组织不再测量服务水平协议(SLA),而是转向测量平均解决时间(MTTR),它测量从机器故障中恢复服务的平均时间。

站点可靠性工具在这一领域至关重要，它使组织能够获得尽可能多的宕机信息。这包括对应用程序和性能的 360°监控、用户旅程，以及监控应用程序性能、可用性和安全性的各个方面的信息。

提示：组织也不应该低估常常被忽略的日志文件的重要性。

日志文件还为组织故障排除功能添加了另一个维度。我经常看到开发人员和操作团队不知所措，因为他们没有合适的日志来诊断应用程序中断。当员工掌握了所有这些信息以及良好的沟通、协作和文档时，组织就有更多的机会，尽快找到问题的根源。

测量应用程序的端点可用性还使组织能够测量 MTTR。组织可以测量停机和恢复服务之间的时间，每次停机后，重要的是坐下来检查收集的信息，不仅要看如何避免再次停机，还要看如何进行流程更改或者在其他地方进行流程更改，以减少下次恢复服务所需的时间。

5. 提高可靠性指标

MTTR 的背后是可靠性指标的改进。使用我们前面讨论过的许多原则，可以提高应用程序各个方面的可靠性。

大多数站点的可靠性和仪表工具将能够用于生成仪表板或记分卡，从而为组织提供可靠性的图片信息。正如前面所讨论的，使用这些数据实际向前推进并提高可靠性是使组织在成熟度方面与众不同的地方。

6. 消除积压工作和技术债务

在 DevOps 环境中，生产力的最大杀手之一是一些组织中存在大量正在进行的工作和很严重的技术债务。我使用过的所有积压工作管理工具都可以通过仪表板或看板进行标记，例如，每个团队成员正在进行的工作量。

确保工作水平是可接受的。一般来说，每个团队可以接受的内容不同，对于每个人来说，他们的技能以及他们能够完成的工作也不同。平衡这些可能很困难，但当人们有太多的“正在进行的工作”项目时，生产率就会降低。我的经验告诉我,当每个人只有不超过三个正在进行的工作时,他们的工作效率会很高,在这一点之后,他们的生产率将开始下降。

生产力的另一个杀手是组织中的技术债务水平。技术债务有时被称为设计债务,反映了应用程序中额外返工的成本。例如,如果你现在使用简单的方法设计应用程序,而不是使用需要更长时间的,更好的方法,那这就是技术债务。然后,我们通常会将技术债务添加到积压工作中,以便在稍后的日期重新审视并解决。

为了了解员工的技术债务水平,需要一种可靠的记录方式。在一些工具中,你可以创建一个特定的 backlog 模板来记录它,或者简单地向用户故事或 bug 添加一个标记。

然后,组织可以运行查询并将数据添加到仪表板中,以突出显示他们的技术债务。当它达到组织认为不可接受的水平时,可以进行一次技术债务冲刺,以减少技术债务的数量。

我们花了一节的时间来研究 DevOps 工具链中工具的好处,并了解了不同的工具如何为 DevOps 价值增加好处。接下来,让我们看看在成功安装工具时存在的障碍。

9.4 DevOps 工具的问题

到目前为止,我们已经介绍了 DevOps 工具链中关于工具的所有优点。使用这么多不同的工具会遇到哪些问题,以下是采用这些工具的一些问题。

- 缺乏 DevOps 的定义;
- 缺乏工具方面的知识;
- 缺少工具评估;
- 市场上可用工具的数量过多;
- 缺乏工具集成。

现在让我们更详细地了解这些要点，以便更好地了解采用工具的问题。

1. 缺乏对 DevOps 的定义

毫无疑问的是，如果没有正确定义 DevOps 是什么以及它对组织意味着什么，组织将很难使用工具。这也将导致组织因为其竞争对手正在部署工具或出于其他原因而跟风部署工具。

DevOps 可以帮助组织理解工具路线图可能是什么样子，如何使用我们在本章中讨论的所有工具，以及使用工具正确地缩短组织存在的差距。

组织不仅需要 DevOps 的定义，而且这个定义还需要在整个组织中成为标准。从上到下的每个人都需要接受这一点，以使 DevOps 应用的每个部分都获得成功，这其中也包括工具。

2. 缺乏工具方面的知识

缺乏关于不同可用工具的知识也可能是成功的阻碍。这个问题可以通过几种方式表现出来，然而，其中一些因素对总体进展的破坏性比其他因素更大。

首先，缺乏知识可能会妨碍员工为任务选择正确工具。虽然没有人会成为整个工具链的专家，甚至是某个特定领域的专家，但拥有广泛的知识将有助于员工根据从供应商处收集到的信息对工具进行评估。

其次，知识的缺乏会让员工陷入困境，如果没有对工具的广泛了解，员工可能会发现自己处于一种无法理解工具是如何满足自己特定需求的境地，这种延迟可能会影响实现成功。

第三，也是最后一点，当组织缺乏工具知识时，最糟糕的情况就是瘫痪组织的决策。这不是像第一点那样做出错误的决定，也不是像第二点那样缺乏理解，而是误解了工具的作用。

3. 缺少工具评估

与从任何供应商处购买软件一样，组织将希望确保其从任何演示或试用产品中获得最大收益。这是一项巨大的投资，组织需要确保选择的工具能够符合组织的需求。组织需要根据工具提供的价值考虑工具的成本,必须确保购买的投资回报符合预期。

如果要评估多个工具,请确保对它们的评估相同,对执行相同操作的工具执行不同的评估是没有意义的,这不仅会让每一个候选工具都有机会大放异彩,也确保了决策过程中没有偏见。

每个人都与不同的技术堆栈和工具有着密切的关系,但需要确保为组织选择正确的工具,而不是仅仅因为你了解该工具就使用过去使用过的工具。

4. 市场上可用工具的数量过多

工具的数量是如此之大,云计算基础(CNCF)甚至创建了一个 Web 工具列表,详细描述了它们所包含的工具列表,并提供了一些过滤器来限制搜索。这是 CNCF 云的原生景观,这非常有用,也突出了我们在选择工具时面临的问题。

除了 CNCF 制定的工具清单之外,当然还有其他不属于 CNCF 生态系统的工具。当你查看可用的工具选项时,这个扩展的工具列表会使你感到震惊。

通过查看有关这些工具的独立信息源,你可以完成供应商提供的营销活动。通过使用这些产品的人发布的社区帖子,查看他们的使用案例,并使用这些信息帮助你筛选工具。

5. 缺乏工具集成

在本章前面,我们讨论了在 DevOps 工具集成的重要性,使用缺乏充分集成的工具会限制组织的能力,这取决于该工具的影响。

例如,如果平台不提供广泛的其他服务,没有充分的持续集成和部署,工具将成为一个问题。在研究这些工具时,我们应该寻找与积压管理工具、部署平台和票务系统(如果需要)的集成机会。我们还必须考虑与提供安全服务的工具集成。这种缺乏集成的情况为组织的工具创建了一个黑箱,使组织无法与它交互或从中检索可能有价值的数据。

9.5 总 结

在本章中，我们介绍了 DevOps 工具链中的工具；我们已经了解了 DevOps 工具的不同系列，并了解了工具如何帮助组织应用 DevOps；然后，我们了解了 DevOps 工具的好处，并了解了可能阻碍采用高质量工具的障碍。

接下来，我们将研究如何为工具的实现制定策略。我们将研究工具的体系结构和安全性要求，以及如何制定培训计划来帮助团队，并将其与定义 DevOps 工具的所有者和流程联系起来。

9.6 问 题

现在让我们回顾一下我们在本章中学到的一些知识。

1. 哪些工具对整个 DevOps 工具链有影响？

   a、构建工具

   b、测试工具

   c、协作工具

   d、运行工具

2. 为什么 API 在应用工具时如此重要？

   a、它们不重要，因为我们不需要 API。

   b、它们提供了自动化和集成的机会。

   c、DevOps 工程师需要学习 API。

   d、不管怎样，所有好的工具都有 API。

第10章 制定实施工具的策略

简单地选择工具并在具体的环境中实现它并不一定会成功，并且有可能会使组织的DevOps转型倒退。组织应该让所有人参与进来，倾听他们的担忧，并制定实施工具的策略。在本章中，我们将介绍实施工具策略的注意事项。

在本章结束时，你将了解始终遵循体系结构最佳实践和安全要求的重要性，了解如何制定培训计划以帮助团队使用新工具，并了解拥有与工具相关的所有者和流程的重要性。

在本章中，我们将介绍以下主题。

- 了解体系结构和安全要求；
- 制定培训计划来帮助团队；
- 定义工具的所有者和流程。

10.1 了解体系结构和安全需求

当在组织中实现任何东西，比如新的工具，甚至是对现有工具的更新时，重要的是考虑这将对企业架构和信息安全的影响。企业架构和信息安全是IT组织的基石，朝着他们定义的目标努力，这些目标将与业务目标紧密一致，将帮助组织寻找合适的工具。要进一步探讨这一点，重要的是了解以下内容。

- 为什么企业架构很重要；
- 为什么信息安全很重要；

- 了解企业架构需求；
- 了解信息安全需求。

让我们更详细地了解这 4 点，以便更好地理解本节内容。

10.1.1 企业架构很重要

企业架构在组织内有许多好处，最明显的是企业内部系统的自上向下视图，这在管理许多业务所涉及的复杂性时非常宝贵。

在过去的几年里，许多人将企业架构视为 IT 的唯一功能，并在象牙塔上运行。近年来，这种观点发生了巨大变化，企业架构不再仅仅被认为是 IT 的一个功能，而是认为弥合业务和 IT 之间的差距方面发挥着关键作用。

多年来，企业架构的实践不断发展，它从一个基础性和辅助性角色转变为更加进步和注重成果的角色，并确定了变革和增长的机会。

企业架构非常重要，因为它决定了服务和应用程序的总体战略。企业体系结构的战略和路线图将定义部署服务的蓝图，在考虑提供服务之前，服务必须具备的一系列东西。它还定义了组织将在短期、中期和长期使用的平台。

因此，当组织在查看 DevOps 工具时，考虑所有这些信息意味着有很多事情要做，如工具是否满足组织将使用的应用程序的要求等。

当我想到企业架构时，我想到了它为组织提供的 3 个主要好处。

- 复杂性管理；
- 创建可执行的交付成果；
- 提高敏捷性，缩短价值实现时间。

让我们更详细地了解这 3 个好处。

1. 复杂性管理

大多数组织，尤其是企业，都是由系统和应用程序组成的网格。这种关系网在组织内具有不同程度的重要性和突出性。但是没有确定的规则来定义这些重要程度或突出程度,这正是管理变得复杂的部分原因。

有些应用程序对业务的成功至关重要,但在IT之外,人们可能不知道该应用程序的名称。

提示:企业架构使用的自上而下的观点意味着组织在评估应用程序等资产时更加高效和自信。

企业架构所带来的整体视图不仅仅是构建一个领域,而是构建整个组织的各个领域。这提供了一些视图,例如,这些视图可能会识别多个应用程序正在处理同一流程的区域。

另一种观点可能会得出这样的结论:一个看似不那么突出的应用程序实际上是完整的。这种观点有助于我们避免出现领导层可能会考虑将应用程序从环境中逐步淘汰的情况。

2. 创建可执行的交付成果

我们讨论了评估组织当前的能力和管理中存在的复杂环境。通过我们讨论的整体视图,将有助于企业架构团队识别任何差距。这种对组织内部架构全面更好的理解意味着组织可以做出更明智的决策,包括他们应该在未来投资什么。

重要的是,它还可以帮助组织了解何时可以创建路线图,以便路线图能够反映组织的关键优先事项,但整个组织的紧迫问题可以影响这一点。

总的来说,这种方法将帮助组织满足当前对其提出的要求,以及当前的机会。所有这些都是在减轻对服务的干扰的同时发生的,创建可执行的交付成果确保了这一点可以通过组织的长期愿景来实现。

3. 提高敏捷性,缩短价值实现时间

如今,在技术快速发展且往往破坏性很强的数字转型时代,对帮助企业架构的工具的需求是显而易见的。

这些工具将有助于加快对优化、替代投资、合理化,以及对风险、变化和

对组织整体影响的规划的决策支持。将所有这些转化为有形产出的组织更有能力以有效的方式评估和实施新技术。

简言之，一个运行良好的企业体系结构将有助于企业捕捉、理解并阐明存在的机遇、风险和挑战，这同样也包括安全。让我们看看信息安全的重要性。

10.1.2 信息安全很重要

在当今世界，数据为王，我们的大部分数据都存储在系统中，信息安全非常重要。数据处理和安全事件中的意外事件可能导致公司破产，并对组织的声誉造成无法弥补的损害。

遗憾的是，许多人仍然不知道信息安全对一个企业和该企业的成功有多重要。许多管理者仍然持有一种可怕的误解，即他们的信息是安全的，是没有受到威胁的，这种误解是一个很大的错误。

当我们今天作为技术专家的角色，享受着多年来我们所使用的技术进步带来的好处。但是，网络攻击呈上升趋势，破坏性也越来越大。重复攻击正在增加，在意识到这一点之前，组织可能成为另一次网络攻击的目标，并且已经处于危险之中。这就是为什么在加工和处理机密信息时必须非常小心的原因。

1. 我的组织为什么要担心安全问题

想想组织内部信息的重要性，战略计划、财务信息、员工记录、并购信息，这些信息不胜枚举。如果泄露，这将产生严重的多米诺骨牌效应，并很快引发其他一些后果，比如损害组织的声誉，暴露组织的战略，以及暴露任何公司机密或者知识产权。

这些信息不仅会损害公司，并且当它们涉及公司的客户时，就会损害公司的客户，在企业之外，许多较小的组织认为他们不是网络罪犯的目标，不需要投资数据安全和网络防御。事实上，由于缺乏保护，许多成功的攻击都是针对这种规模的公司；许多人甚至不知道他们的系统已经被破坏，直到事件发生很久之后，但一切都为时已晚。

2. 我们应该注意哪些常见威胁

世上存在处理常见威胁的工具，尤其是代码扫描工具，该工具将在应用程序的源代码中查找并利用漏洞。信息安全专业人员每天都会处理威胁。根据我的经验，以下 5 种威胁是专业人士必须应对的、最常见的威胁：

- 利用漏洞；
- 恶意软件；
- 网络钓鱼；
- 系统离线；
- 缺乏保密性。

让我们更详细地看看这 5 种威胁。

(1) 利用漏洞

黑客和网络罪犯在系统中寻找有助于他们进行攻击的漏洞。通常，存在漏洞是因为这些系统的管理疏忽，例如不更改密码和不更新这些系统导致没有包含最新的更新。

不过，有时黑客会利用所谓的零日漏洞，即该漏洞尚未由供应商发布补丁。

(2) 恶意软件

恶意软件是最常见的攻击载体之一，可以追溯到最开始的网络攻击。简单地说，恶意软件是一种传染源，它用恶意代码攻击应用程序，这样做的目的是破坏组织内的数据，甚至设备。

一个极端的例子是 2020 年的太阳风猎户座攻击。这从根本上来说是对供应链的攻击，在软件构建和发布过程中被插入了恶意代码。如果未被发现，恶意软件会出现在最终产品中，并且软件的二进制文件会被签名，使它们看起来像是真正的版本。

然后，作为定期维护的一部分，更新应用于该产品的补丁，世界各地的组织在不知不觉中安装了软件，并在其网络上设置了后门。

Business Insider 称，其他以供应链攻击形式出现的恶意软件包括目标安全漏洞，以及针对控制和数据采集系统的 Stuxnet 病毒，这使伊朗五分之一的核离心机受损。

(3) 网络钓鱼

网络钓鱼攻击的根源是电子欺诈，罪犯的行为方式之一是模仿。这可能是通过伪造来自组织内信任的人的电子邮件，诱使你点击实际被感染的电子邮件中的链接。

在外部世界，网络钓鱼的最大目标是窃取银行信息和身份。不过，在企业范围内，被窃取的信息包括组织的业务以及计划如何处理业务的信息。

(4) 系统离线

过去 10 年中最常见的攻击之一是拒绝服务攻击。大多数组织都有无法使用的关键业务系统，拒绝服务攻击的目标是这些关键系统，如果它们的请求太多，就会导致应用程序无法处理大量的请求，甚至崩溃。

这些事件极其严重，可能导致组织收入损失，并损害其声誉和客户信心。

(5) 缺乏保密性

大多数组织都会处理一定程度的敏感信息，有些组织比其他组织更敏感，但大多数组织都会处理个人数据，即使只是关于员工的数据。

某些数据(包括个人数据)应受到保护，并且只能由有权访问该数据且可靠的人员访问。许多组织在员工开始进行背景调查之前花费大量资金以确保他们是可靠的。

信息保护的基本规则是，如果不遵守这一访问和信任规则，则该数据的信任圈之外的人可能有权访问该数据并能够滥用该数据。

总之，信息安全非常重要，组织内部对责任人的意识也非常重要。这很简单，每个人都对组织内的安全负责，安全专业人员的工作是搜寻、检测和追踪试图破坏信任并试图渗透到这个网络的人。

现在，让我们看看在开发工具策略时理解体系结构需求的重要性。

1.1.3 了解企业架构需求

现在，我们已经对企业架构及其在组织中所起的作用有了坚实的理解，让我们看看如何利用这一点来帮助构建一个有助于以后工具选择的战略。

1. 定义体系架构需求

首先，让我们定义一些架构需求，我们可以使用它们来调整 DevOps 空间中的工具选择。我们的第一个要求是在可能的情况下，组织将购买软件，而不是自己开发；接下来，系统必须能够接受组织的联邦公司身份，这意味着支持 OAuth 或安全断言标记语言(SAML)等技术，以便组织可以使用单点登录。

OAuth 是一种访问授权的开放标准，Internet 用户通常使用该标准授予网站或应用程序访问其在其他网站上信息的权限，而无需透露其密码；SAML 是另一种开放标准，允许身份提供者将授权凭证传递给服务提供者。

其他要求包括该软件必须能够部署到公共云，并且组织必须能够使用 API 与该工具进行连接。

总而言之，这是组织的需求候选清单。

- 购买软件而不是在内部构建软件；
- 接受联合身份；
- 支持部署到公共云；
- 使用 API 的接口。

在现实世界中，更多的需求将被定义，并由企业体系结构设定。这些需求帮助我们在市场上选择工具，并自然地帮助我们缩小选择的范围。

2. 为架构审查做准备

实践企业架构的成熟组织还将规定所有的新项目都必须提交委员会，它由部分业务部门的领导者组成，由企业架构运行。

该委员会（通常称为架构审查委员会）的目标是确保进入组织的新软件符合企业架构蓝图的标准，并能够解决可能出现的任何问题。在查看工具选项的过程中，请让企业体系结构团队的一名成员与你合作，因为在评估工具的过程中，评审委员将会提出许多问题。

总的来说，这可以节省大量时间。现在，我们已经了解了与组织内的工具相关的体系结构和安全需求的重要性，让我们看看如何制定培训计划来帮助团队采用新工具。

10.2 制定培训计划

通常，组织并没有充分强调团队接受引入组织新工具的培训需求。培训有多种形式，如果多个团队使用新的工具，组织需要确保可以满足为不同团队培训的需求。

预先考虑这些事情，然后围绕它们制定一个计划，这可能会使工具的实施比没有适当的培训计划时更成功。

现在，让我们来看看在组织内制定培训计划的重要性。

10.2.1 培训计划很重要

我们以职业运动员为例，训练对他们的成功至关重要。随着职业运动员的训练过程变得越来越详细，他们的训练也出现了变化，比如从计划天气到准备重大赛事。组织需要一个计划来为其提供结构、方向和指导。培训计划还可以帮助组织准备和处理不同的因素,如干扰计划的因素等。

提示:培训计划有助于组织提前计划,提高员工保留率,提高参与度,并帮助组织保持领先于竞争对手的地位。

培训计划在企业中很重要,原因有很多,以下是我的一些想法。

- 提高员工敬业度;
- 提高员工留用率;
- 领先于竞争对手;
- 节省成本。

让我们更详细地了解这些原因,来了解为什么培训计划很重要。

1. 提高员工敬业度

缺乏参与最终会导致留用方面的问题(接下来将详细介绍)。让团队保持参与,特别是作为一个技术人员团队时,包括开展帮助他们进一步发展职业生涯的培训。

如果组织在提供高质量培训机会方面有良好的业绩记录,那么其员工也将保持敬业精神。他们知道,当新事物出现时,他们将有机会去学习新事物。

2. 提高员工留用率

任何花时间管理团队的人都知道,随着时间推移,会不可避免地有团队成员提出一些问题,如“我不知道我的职业发展方向”或“我认为公司不重视我的工作”等,虽然像这样的评论可能不是一个直接的问题,但它们会导致人们寻找其他工作,这会导致员工去别的岗位面试,然后获得另外的就业岗位。

组织需要提前计划,然后传达这些培训计划,以便团队知道他们在这段时间内的培训将会如何与组织目标保持一致,从而帮助他们正确看待工作。

3. 领先于竞争对手

目标通常是围绕发展、市场份额、提供产品和服务或增加销售额而制定，但组织仍然可以将培训目标附加到这些目标上，并且其培训计划应该反映这些目标。

设计团队需要提前了解内容，也就是说，他们需要了解什么才能让他们和组织成功。当组织到达需要这些知识或技能的关键点时，意味着员工也已经具备了这些技能。

4. 节省成本

难道不是每个人都喜欢省钱吗？总而言之，当组织在招聘时，可以把自己需要的所有知识都带进来，而不是一个随着时间推移而获得这些知识的内部人员。对于一个人来说，获得这些知识要比雇佣懂得这些知识的人便宜。

计划将帮助组织更有效地使用培训预算。组织可以提前计划其需要什么，什么时候需要，在组织可以的地方使用内部人员，但简而言之，在发展团队时，计划始终是关键。

现在，让我们看看如何为组织中的团队制定培训计划。

10.2.2 为团队制定培训计划

制定培训计划实际上是一个相当明确的过程。培训计划应该只是整个组织培训计划已经到位的一部分。

制定有效的计划包括以下步骤。

1. 确定培训需求；
2. 回顾成人学习原则；
3. 为个人制定目标；
4. 设计或寻求合适的培训；

5. 计划何时进行培训；

6. 让员工在计划上签字。

让我们更详细地了解这些步骤，以了解如何制定培训计划。

1. 确定培训需求

组织应该考虑使用工具在团队中的差异。如果多个团队正在使用该工具，那么不是每个团队都会以相同的方式高效使用该工具。在制定计划之前，对现有技能进行审核，然后在开始计划之前确定员工需要什么。

如果组织制定了一个没有任何价值的计划，不管怎么努力，人们都不会参与，也看不到它的价值。

2. 回顾成人学习原则

这听起来很明显，但请记住，成年人的学习方式与儿童不同，组织的培训计划需要反映这一点。组织需要确保培训能让人们参与其中，而不是只通过 PowerPoint 幻灯片进行培训。

大多数成年人通过自我指导学习，他们所做的选择与他们的个人目标相关。成人学习也是以目标为导向的，所以要确保培训在个人和专业方面都与企业的目标相一致。

成年人在训练中获得的生活经验也很重要，因为这种经验有助于塑造他们未来的训练，这些以前的经验有助于确定组织首选的学习方式。

3. 为个人制定目标

用培训计划制定目标很重要，因为如果不这样做，组织就不知道自己想去哪里，而且培训可能会不起作用。有一个最终的目标确实是一个开始，但仍然需要一路上的里程碑来确保组织朝着正确的方向前进。

学习目标应该从根本上定义希望员工理解的内容，最重要的是，在培训过程结束时能够做到这一点。在培训结束时，员工应该知道他们现在能做什么，而在接受培训之前他们不能做什么。

4. 设计或寻求合适的培训

试着在内部寻找一位能够提供培训的专家，如果做不到这一点，可以在互联网上找到合适的材料。在其他情况下，组织可能需要一名培训师来帮助培训员工。在这一步中，组织需要考虑员工的学习风格会如何影响团队的培训。

单独培训，以便在软技能和硬技能之间有一个明确的定义。硬技能将被归类为新产品或工具中的技术技能，而软技能则是沟通、多样性或骚扰培训等。

5. 计划何时进行培训

作为一名管理者，你应该确保团队充分意识到他们有专门的学习时间来接受所需的培训。你应该积极鼓励员工利用为他们留出的时间，并且做出承诺，这样当培训被预订时，培训就确定下来了。通常情况下，培训会是由于运营挑战而被推迟或改变的第一件事。

使用一个工具，甚至只是一个电子表格来跟踪人们已经注册、完成和打算参加的培训。

6. 让员工在计划上签字

跟踪培训计划，确保所有员工都完成了必要的模块。组织可以实施一项培训计划，该计划在新员工被聘用后立即开始，重点关注健康和安全、公司文化和一般程序。从完成特定计划的员工那里获得反馈并让他们在培训上签字，这一点至关重要。

既然解了为什么培训计划很重要，以及如何在组织中开发和实施培训计划，那么让我们来看看如何定义工具的所有者和流程。

10.3 定义工具的所有者和流程

要使工具有效，它需要两个基本要素，第一个是该工具的所有者，第二个是为该工具定义和记录的流程。

工具的所有者负责定义工具的使用方式、工具可以解决的场景、定义工具各部分的使用流程，以及提供基础设施的所有权和相关成本。组织可以在管理成本、所需基础设施或许可证成本的业务所有权、管理知识文章和流程了解如何使用工具的所有权。

此时还应考虑工具的生命周期。在讨论测试工具时，来自 Cania 咨询公司文章对工具的生命周期提供了很好的解释。

现在，让我们看看如何识别组织内工具的所有者。

1. 确定组织中工具的所有者

如果组织中有一个资产管理团队，那么其引入的任何工具的大部分业务所有权都可能属于他们。许可证所有权通常作为资产被指定团队进行管理。

技术所有权并不像你想象得那么明确。当然，如果一个团队使用某个工具，那么从日常角度来看，该工具的所有权将属于该团队。但是要考虑一个工具是更基础的，并且工具被许多不同的团队使用的场景。

在这种情况下，你会发现工具的所有权通常由核心 IT 团队掌握。在许多组织中，这在传统上是正确的，但是随着 DevOps 工具的采用和团队内部的转换，许多核心 IT 团队不愿意拥有和管理他们不使用的工具。

在此场景中，核心 IT 团队将为该工具提供底层支持，尽管在工具为 PaaS 或 SaaS 的场景中不需要这样做，然后，每天使用该应用程序的团队将被授予该应用程序的所有权并承担这些责任。

2. 将流程映射到工具

考虑成功操作工具所需的过程。组织需要考虑传统的流程，例如用户如何登录工具，以及如何管理他们的访问和权限，以及如何从工具中删除人员。

此外，请考虑该工具试图解决的问题以及它将自动执行的过程。它们需要被详细记录，以便在自动化过程失败时，人们知道它正在替换什么，以及在哪里解决问题。

组织还需要考虑其他过程，包括记录工具的重要性。这有助于了解该工具支持的内容以及它对业务的基础性；另外，考虑应该如何更新该工具以及何时使用该工具，以便在更新该工具时，不会将该服务用于其他重要流程。

3. 使工具成为工艺改进的一部分

我们已经多次谈到了持续反馈和持续改进的重要性，工具不应免于该循环。在过程改进活动中，工具与过程一样重要。

查看使用价值流映射的流程，例如，可能是工具在试图修复的过程中造成延迟或提前，在这种情况下，可能需要调整工具以使其正常工作。

10.4 总 结

在本章中，我们了解了在查看工具策略时需要考虑的体系结构和安全需求，我们还研究了为什么企业架构和信息安全非常重要，如何为组织制定培训计划，以及如何确定工具的所有者和流程。

使用这些技能，可以在组织中实施 DevOps 工具的策略和流程，并制定可靠的培训计划，使团队能够跟上新工具的发展速度。

在下一章中，我们将研究与 DevOps 密切相关的各种趋势，例如 DataOps、DevSecOps 和 GitOps。我们将了解它们是什么，以及在这些 XOps 场景中帮助实现价值的工具。

10.5 问 题

现在,让我们回顾一下我们在本章学到的知识。

1. 其中哪一个不是企业架构重要的原因?

   a、管理复杂性

   b、指定应该使用的工具

   c、创建可操作的交付成果

   d、提高敏捷性

2. 以下哪些步骤不是制定培训计划的一部分?

   a、发展目标

   b、节省培训费用

   c、对正在进行的培训进行规划

   d、让员工在计划上签字

第 11 章　DevOps 的主要趋势

现在企业管理存在许多不同的学科，它们以 DevOps 的核心原则和实践为基础，针对不同的业务领域，甚至是特定的部门。诸如 DataOps、GitOps 和 DevSecOps 等术语现在是目前行业中的常用术语，并且每种术语都有相应的工具。在本章中，我们将更详细地了解其中一些趋势，以了解它们是什么，它们的目标是什么，以及可以使用什么工具。

在本章结束时，你将了解与 DevOps 专业相关的一些关键趋势，了解它们是什么，它们如何应用于组织，以及如何在其中使用工具。

在本章中，我们将介绍以下主题。

- XOps 生态系统；
- DataOps 生态系统；
- DevSecOps 生态系统；
- GitOps 生态系统。

11.1　XOps 生态系统

XOps 是一个概括性术语，描述了在技术内部和外部采用其他形式的操作。在这种情况下，DevOps 实际上只是其中的一部分。

DevOps 只是一个开始，我们还可以从 BizOps、FinOps、AIOps 和 MarketingOps 开始，但是 XOps 这个术语所涵盖的不仅仅是这里列出的那些，这些都是跨职能的工具，就像 DevOps 一样，但组织真的需要所有这些功能，或是其中的一部分？我们都同意的一点是，所有组织都处于各自的成熟阶段。这方面的因素包括他们的规模、年龄、行业、技术采用、预算，当然还有文化。

组织越来越需要这些不同类型的运营模式提供的好处。一些组织将尽可能多地实施这些方案，而另一些组织将实施他们需要的方案，甚至操纵流程和采用程度，以使得方案最适合他们的组织。

这并不意味着根据前面提到的因素，结果会有任何不同。与 DevOps 一样，所有这些模型的共同点是对价值的关注，这是每个组织的独特之处。

11.1.1 XOps 是从哪里开始的

有些人认为 XOps 只是炒作，但是炒作将会消失，而提出的很多东西是对已经存在东西的重新标记。我们也可以对 DevOps 说同样的话，但正是 DevOps 内部的实践结合在一起而不是分散的方式为组织提供了真正的价值。

与 DevOps 一样，大多数类型的运营模型都会关注流程的加速和质量的提高，以实现交付的目标。例如，在 DataOps 中，这将是对 AIOps 运行性能的数据和分析见解的关注。

那些认为 XOps 被过度炒作的人认为，风险在于碎片化是由参与其中的不同群体造成的。这种碎片化进一步稀释了更快创造的价值，并造成了额外的官僚作风。

提示：敏捷性一直是 XOps 的核心，商业领导者已经意识到他们的组织需要更加敏捷，才能在行业中保持竞争力。

构成 XOps 的敏捷实践已经存在了一段时间，并且在业务堆栈中进一步上升，可悲的是，一些领导者认为敏捷性等同于用更少的资源做更多事情的能力；但事实是，以可靠流程为支撑的敏捷性可使组织能够在需要时进行扩展，为最终用户提供更多价值，改进流程和提升效率。

XOps 和 DevOps 之间的联系不仅仅在于名称、实现方法和所涉及过程的相似性，同时还在于文化。文化是 DevOps 的一个重要组成部分，特别是关于提高组织中沟通和协作的能力。

XOps 从 DevOps 获得的其他重要方面是对持续改进的关注，以及对任务自动化的关注。技术人员经常忘记，过程自动化不仅仅是过程的技术要素，因为业务流程自动化早在 DevOps 诞生之前就已经存在了。

11.1.2 XOps 环境

为了进一步了解 XOps 环境，让我们看看 XOps 中的两个常见计划，即 FinOps 和 CloudOps。我们还会在本章后面更详细地了解 DataOps、DevSecOps 和 GitOps。

1. FinOps

FinOps 也称为云财务管理，它是组织内财务团队和运营团队功能的合并。具体而言，FinOps 侧重于管理财务运营所涉及的流程，同时将相关人员、流程和技术联系在一起。

对 FinOps 的需求源于 IT 中的传统财务模型，该传统模型与其他团队分开工作，缺乏数据驱动的决策水平和管理可扩展、支持云计算的应用程序的和技术现代化。

关于业务需求缺乏灵活性的限制只会增加成本，这使得系统运行缓慢，成本变高，因此，组织需要想出一种方法来为其高度可扩展的云环境提供成本控制的方法，了解这些成本是什么，它们是如何发生的，并跟踪其支出。

随着云技术的发展，需要能够为组织的其他部分提供云环境托管的服务计费。云计算所涉及的颗粒度成本使得按存储容量使用计费的想法在许多方面变得更简单，但实际上很难实现。

如何为共享服务(如网络和存储)计费的复杂性使我们很难意识到这些

成本可以怎样反馈给各个部门。这些结构级服务或核心服务通常由技术部门使用,而应用程序服务则由成本中心收取费用。

要获得有关 FinOps 的可靠实践,必须遵循三个应用阶段,这些阶段是通知、优化和运营。第一阶段是通知,着眼于对资产、预算分配的详细评估,并提供对行业标准的理解,以发现需要改进的领域。第二阶段是优化,帮助设置警报和指标,以确定需要花费和重新分配资源的任何领域,它们生成决策能力,并在需要时提供架构更改建议。最后一个阶段是运营,协助在资源层面形成跟踪成本和成本控制机制。FinOps 在运营方面提供了一定程度的灵活性,但保持了对与云平台相关的可变成本的财务监控。

2. CloudOps

CloudOps 是定义和识别操作的过程,其适用于在云环境中优化服务。CloudOps 是 DevOps 和传统运营的结合,允许云平台、应用程序和数据在维护服务的同时提供进一步的技术服务。

为了进一步提高敏捷性,组织必须检查任何预算约束,例如浪费和超支,这是组织决定将工作负载转移到云平台的原因之一。

CloudOps 提供了可预测性和主动性,并有助于增强可见性和治理性。在维护本地位置时,相关的电源、网络、存储和高可用性始终是一项挑战。这在云中更容易实现,尽管挑战仍然存在,但这些挑战与内部部署不同。

由于 CloudOps 是 DevOps 的一个扩展,它旨在建立云操作团队,负责云平台上迁移后的应用程序。其优化成本、增强安全态势和提供容量规划的治理工具在 CloudOps 中至关重要。它还推广了持续监控的概念,以及对资源数量较少的云应用程序的管理概念。

自动化提供了提高云应用程序灵活性、速度和性能。CloudOps 中的自动化还促进了服务、事件和问题的顺利处理。将 DevOps 的元素(如持续集成和持续部署)与基础设施服务相结合,以代码形式引入基础设施,提供了高水平的自动化,增加了 CloudOps 的价值,并提供了运营团队以前从未见过的可伸缩性。

11.1.3 XOps 方法

让我们看一个 XOps 的示例方法，其目标是将当前的单一应用程序转变为微服务体系结构；此外，迁移过程应该是自动化的，以及有可用于生产、UAT 和测试的独立环境。

该方法应由 DevOps 团队管理，这允许组织管理用户和组，以及第三方服务和应用程序，这种方法提倡合作文化。

此外，为了使资源模块化，团队为多个资源生成基于容器的模块，然后分解堆栈，使它们具有可扩展性，并确保更容易部署。

对于开发团队来说，使用这种方法进行维护和调试也变得更加简单，自动化过程有助于提高代码质量。基于角色的访问控制可确保安全的身份验证和授权。

通过部署用于日志记录和监视的集中式系统，可以在集中式仪表板上查看系统性能、可用性和安全性，这有助于提升成本效益和提高应用程序的性能。

在这里，我们讨论了一些实现这一点的规则，如 DevOps、CloudOps 和 FinOps。现在我们已经了解了 XOps 这个术语，以及 XOps 的来源和 XOps 的前景。现在让我们更详细地了解 DataOps 生态系统。

11.2 DataOps 生态系统

围绕 DataOps 最常见的误解之一是它只是应用于数据分析的 DevOps，虽然 DevOps 和 DataOps 名称有相似之处，但它们并不相同。请看图 11.1，它描述了 DevOps 循环。

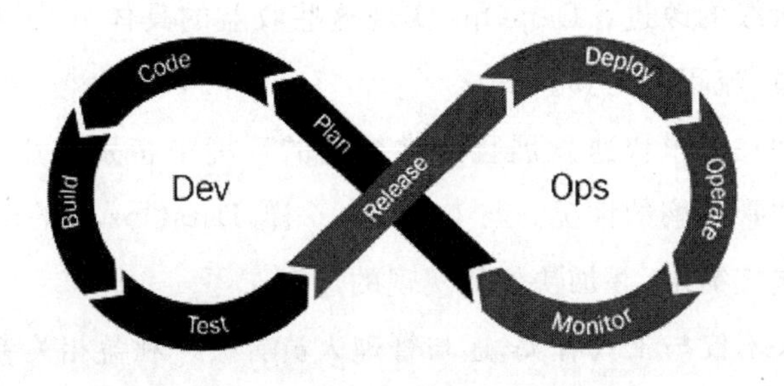

图 11.1　无限循环中DevOps的相位

DevOps通常被描述为一个无限循环，正如在图11.1中所看到的，但是DataOps是不同的。在演示DataOps时，它显示为价值和创新管道的交叉点，如图11.2所示。

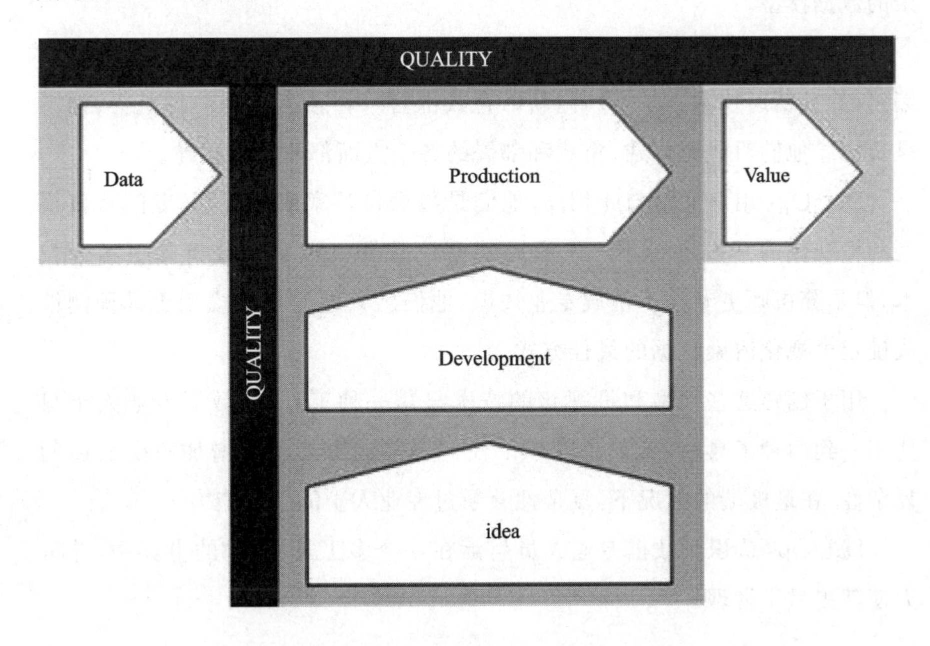

图 11.2　DataOps描绘了沿顶部发展的价值管道和自下而上的创新

DataOps表明数据分析可以实现DevOps在软件开发方面的功能，也就是说，当数据团队使用新的工具和方法时，DataOps可以在质量和周期时间方面带来数量级的改进。DataOps 实现这些收益的具体方法反映了数据团队特有的人员、流程和工具。

敏捷方法在需求快速发展且经常变化的环境中特别有用，这是一个数据专业人士非常了解的情况。与 DevOps 一样，DataOps 中的敏捷允许组织非常快速地响应需求，并加快价值实现的速度。

DataOps 不仅与工具有关，还与管理人员有关。利益相关者的需求和偏好是 DataOps 和 DevOps 之间的一个细微差别。

在 DevOps 中，我们的用户是软件工程师和运营工程师，他们熟悉编码、可以在一个环境中使用多种复杂的语言以及硬件和软件；然而，在 DataOps 中，我们的用户是数据科学家、工程师和分析人员，他们分析数据，并构建复杂的数据模型。

DevOps 的开发是为了满足软件开发人员的需求，因为开发工程师喜欢编码，并且精通技术。学习一门新语言或部署一种新工具是一种机会，而不是负担。他们对代码创建、集成和部署的各个方面都非常感兴趣。

DataOps 用户通常与此相反，他们是数据科学家或分析师，专门从事模型和可视化的开发和部署。工程师通常比数据科学家和分析师更精通技术，但是分析师更专注于领域专业知识，他们感兴趣的是使模型更具预测性或确定可视化渲染数据的最佳方式。

用于创建这些模型和可视化的技术只是一种工具，当数据专业人士只使用一到两种工具时，他们最快乐。任何更多的事情都会增加不受欢迎的复杂性，在最极端的情况下，复杂性会超过专业人士的管理能力。

DataOps 认识到数据专业人员生活在一个多工具、异构的世界中，并努力使其更易于管理。

11.2.1 DataOps 涉及的流程

通过分析开发和生命周期过程的数据，我们可以开始了解数据专业人员面临的独特复杂性挑战。我们发现，数据分析专业人士面临的挑战与软件开发人员面临的挑战既相似又不同。

在DevOps中，代码的生命周期从计划阶段开始，并会反馈到开始，该过程将无限期地迭代。DataOps生命周期具有这些迭代特性，但有一个显著的区别：DataOps由两个活动和交叉的管道组成。前面提到的数据工厂是一条管道，另一条管道控制数据工厂的更新方式，包括在数据管道中创建和部署新的分析。

将新的分析思想引入价值管道的过程称为创新管道。尽管创新管道在概念上类似于DevOps开发过程，但有几个因素使得DataOps开发过程比DevOps更困难。

11.2.2 DataOps涉及的工具

为了提供可靠的数据管道，使用直接和间接支持数据运营需求的工具可以分为5个步骤，主要包括利用现有分析工具，以及旨在解决源代码管理、流程管理和组间高效通信的工具链组件。

- 源代码控制管理；
- 工作流程的自动化；
- 添加数据和逻辑测试；
- 一致部署；
- 实施沟通和流程管理。

现在，让我们了解这5个步骤的更多细节。

1. 源代码控制管理

数据管道只是负责将原始数据转换为可用信息的源代码。我们可以从头到尾自动化数据管道，从而生成可复制的源代码。版本控制工具（如GitHub）有助于存储和管理对代码和配置的所有更改，以减少不一致的部署。

2. 工作流程的自动化

自动化对于 DataOps 方法的成功至关重要，这就需要设计运行具有灵活性的数据管道。自动化数据管理服务、元数据管理、数据治理、主数据管理和自助式交互是实现这一目标的关键要求。

3. 添加数据和逻辑测试

为了确保数据管道正常工作，必须测试输入、输出和业务逻辑。为了确保数据的一致，在每个阶段都要对数据管道进行测试，以确定准确性或潜在偏差、错误或警告。

4. 一致部署

数据分析专业人士害怕引入变化会破坏当前数据管道的更改。这可以通过两个关键工作流来解决这个问题，这两个工作流将在以后的生产中集成。首先，价值管道为组织创造持续的价值；其次，创新管道包括开发阶段的新分析，这些分析随后将添加到生产管道中。

5. 实施沟通和流程管理

在 DataOps 实践中，高效和自动化的通知至关重要。当对任何源代码进行更改，或者触发、失败、完成和部署数据管道时，可以立即通知相应的利益相关者。该工具链还包括促进跨利益相关者沟通的工具（想想 Slack 或 Trello）。

我们现在已经了解了什么是 DataOps，它在正确实施时可以实现什么，以及 DataOps 生命周期中涉及的流程和工具。现在，让我们看看 DevSecOps 生态系统。

11.3 DevSecOps 生态系统

DevSecOps 是一种软件行业文化的转变，旨在将安全性纳入现代应用程序开发和部署(也称为 DevOps 运动)。接受这种方式需要组织弥合通常存在于开发团队和安全团队之间的差距,以使许多安全过程自动化,并由工程团队处理。图 11.3 为安全性如何适应现有的 DevOps 循环。

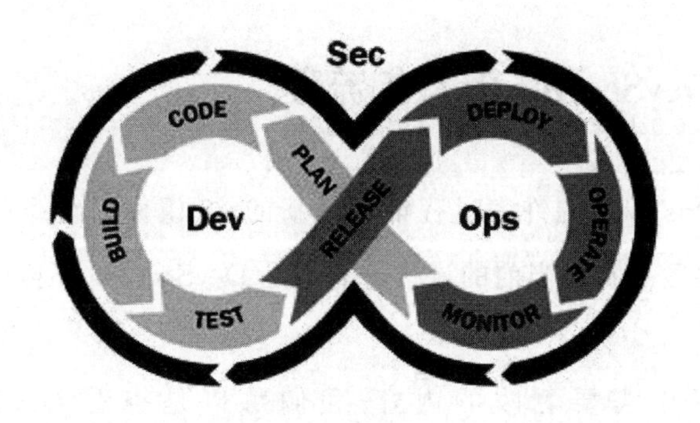

图 11.3 显示DevOps和 DevSecOps之间的交互

从历史上看,主要的软件开发人员会每隔几个月就会发布应用程序的新版本。这使代码有足够的时间进行质量保证和安全测试,这些测试由内部或外部承包的独立专业团队处理。

然而,在过去的10年中,公共云、容器和微服务模型出现了增长,微服务模型将单片应用程序划分为独立运行的较小部分。这种分解也对软件的开发方式产生了直接影响,导致了滚动发布和敏捷开发实践,在这些实践中,新特性和代码不断以飞快的速度投入生产。

DevSecOps 结合了 DevOps 和 SecOps,形成了软件开发、技术运营和网络安全的循环实践。DevSecOps 旨在促进安全代码库的快速开发。DevSecOps 方法并没有强调开发速度或安全性,而是帮助开发人员和安全专业人员实现软件健康平衡的开发,敏捷框架的使用允许开发和安全团队持续协作。

DevOps 和 DevSecOps 方法在许多方面都很相似,包括使用自动化和连续过程来建立协作开发周期。DevOps 提高了交付速度,而 DevSecOps 提高了安全性。

DevSecOps 实践最初可能会增加开发时间，但它们将确保代码库从一开始就是安全的。经过一些实践，一旦安全性完全集成到开发过程中，团队将受益于提高安全代码库的编写和交付速度。

11.3.1 DevSecOps 涉及的流程

DevSecOps 涉及的许多过程都不是新的，希望你的组织已经在实践它们了。其主要区别在于当前的流程可能不是 DevSecOps 环境中使用的最佳流程。

寻找流程中需要更改的内容，我们可以是查看 DevSecOps 宣言（https://www.devsecops.org）。与《敏捷宣言》类似，《DevSecOps 宣言》列出了 9 个要点。

- 向前一步胜过说“不”；
- 数据和安全胜过恐惧、不确定和怀疑；
- 开放式贡献和合作胜过单纯安全需求；
- 基于 API 的可消费安全服务胜过强制性的安全控制；
- 业务驱动的安全性得分高于图章安全审核；
- 红蓝团队利用扫描和理论进行漏洞测试；
- 全天候主动监控过度反应；
- 共享威胁情报胜过将信息保留在自己手里；
- 合规运营胜过剪贴板和检查清单。

这里可以看到，《DevSecOps 宣言》所阐述的大部分内容都涉及在信息安全的成熟度，并在很大程度上收回了多年来与信息安全相关的一些负面含义。

DevSecOps 很难，但如果做得好，组织可以显著改善自身的安全态势，以及提高个人对组织内部安全性的理解。要转换到 DevSecOps 的思维方式,应遵循以下5个步骤。

1. DevSecOps是一种文化变革;

2. 使实践与开发工作流程保持一致;

3. 安全与速度同步;

4. 从预防转变为检测;

5. 使用安全预算来支持开发工作流程。

让我们进一步看一下这5个步骤。

1. DevSecOps是一种文化变革

对大多数企业来说,采用DevSecOps方法将是一项艰巨的任务,因此要注意这是一个多么重要的文化转变。团队成员需要勇敢一点,开始对话,成为朝着改变迈出第一步的人。如果其以清晰、简单的方式参与,强调每个组织的业务、效率和安全优势,那么就更容易找到共同点并达成协议。

2. 使实践与开发工作流程保持一致

在与开发团队进行讨论时,不要将当前的安全实践摆到桌面上,并期望他们改变开发代码的方式,这一点非常重要。

组织不应该忽视监控、风险评估等方面的安全需求,但其必须愿意更改安全实践以与开发工作流保持一致。如果组织试图将DevSecOps方法建立在传统安全性方法的基础上,那么整个生产版本的速度和节奏都会停滞。

3. 安全性与速度同步

开发、运营或DevOps团队很可能会犹豫是否欢迎安全团队或其他专业人员加入他们的工作。组织可以通过提供可视性和监视服务,以及协作来映射工作流程和确定支持敏捷性的机会来克服这种犹豫。

在早期,组织不应该太关注强制执行、阻止活动和减慢管道速度等情况,而应该更关注如何证明安全性可以跟上开发团队构建如此多产品的速度,以确保管道顺利运行。

4. 从预防转变为检测

一旦安全性建立在开发工作流中，组织可以考虑从监视和可见性的角色转移到主动识别代码中漏洞的角色。在这种情况下，安全团队可以成为开发团队最好的朋友。

5. 使用安全预算支持开发工作流程

最后，考虑自己的安全预算。当更改实践以与开发工作流程保持一致时，组织可以在某些地方将一些安全预算重新定向到该工作流程管道，这表明其致力于在每个版本中实现安全性的可持续性，将额外的资源用于持续集成和持续部署管道。

11.3.2 DevSecOps 涉及的工具

由于 DevSecOps 在流程的角度与 DevOps 生命周期密切相关，因此 DevSecOps 中涉及的工具与 DevOps 生命周期的流程密切相关，因此，DevSecOps 中的工具与 DevOps 的 8 个不同阶段一致。以下是各个阶段、常见的、可以在每个阶段找到的安全工具和流程。

- 计划：威胁建模；
- 代码：静态分析和代码审查；
- 构建：渗透测试；
- 测试：合规性验证；
- 发布：日志记录；
- 部署：审计；
- 运行：威胁情报；
- 监控：检测、响应、恢复。

接下来，让我们更详细地了解这些工具的细节。

1. 威胁建模

威胁建模长期以来一直被认为是一项耗时费力的活动,因此,随着组织采用 DevSecOps 方法,威胁建模常常被排除在所采用的安全实践之外,然而,威胁建模在开发中的重要性不容低估。

根据 2020 年 DevSecOps 洞察报告,威胁建模对团队的代码安全性有显著的积极影响。

威胁建模的核心是检查计划中的软件,以确定如果攻击者以该软件为目标,可能出现什么问题。此分析的目的是告知开发团队哪些安全控制应该被视为其实现的一部分。传统上,威胁建模是在整个应用程序上下文的广泛范围内进行。作为该过程的一部分,数据流图、详细的威胁分析框架和规定的威胁优先级方法经常被使用。

2. 静态分析

静态分析工具或者静态应用程序安全测试(SAST)可以很好地与任何软件自动化工具链以及任何开发方法和过程配合使用。这主要是因为无论是按照小时完成,还是以任何其他节奏完成,开发人员都可以在本地使用它们,以获得即时反馈,并分析完整的构建。

此外,因为 SAST 工具不需要与测试人员或开发人员交互,所以它们是完全自主的。它对检查代码中的 bug 和安全漏洞非常有用。

这些工具在单独使用时不是万能的,应该与其他自动化工具一起使用。随着软件团队开始将安全性集成到他们的 DevOps 过程中,SonarQube 等工具易于实现并集成到自动化管道中。通过早期检测漏洞并防止它们在开发周期的后期进入,管道在减少后期安全修复方面将获得回报。

3. 渗透测试

虽然管道中的自动化工具可以在很大程度上检测许多不同的漏洞,但可能仍然需要渗透测试工具。传统上,渗透测试在许多方面都是一门艺术和科学。渗透测试以及 DevOps 对速度、频率和可重复性的关注意味着

DevOps 和渗透测试是可以并行的。例如，BreachLock 可以通过对产品执行端到端安全测试来完全集成到 DevOps 环境中，从而确保开发过程的速度、可靠性和一致性。

4. 威胁情报

随着越来越多的环境组件在代码中被定义和记录，威胁情报的可见性也会增加。许多组织都在努力识别其 IT 资产，从而使威胁情报能够有效地与其环境中的资产相关联。通过确保将元数据从 DevSecOps 管道输送到威胁情报的流程到位，组织就可以确保收集和应用正确的情报，并以风险优先的方式作出响应。

我们现在已经了解了什么是 DevSecOps，它可以实现什么，以及 DevSecOps 生命周期中涉及的流程和工具。现在，让我们看看 GitOps 生态系统。

11.4 GitOps 生态系统

GitOps 是一种云应用程序在本地中实现连续部署的技术。它着重于通过使用开发人员已经熟悉的工具(如 Git 和连续部署工具)，在操作基础架构时提供以开发人员为中心的体验。

GitOps 的核心概念是拥有一个 Git 存储库，该存储库始终包含生产环境中当前所需的基础设施的声明性描述，以及一个与存储库中描述的状态相匹配的自动化流程。如果组织想要部署新的应用程序或更新现有的应用程序，其所要做的就是更新存储库，其余部分将由自动化流程处理，这就像用巡航控制来自动管理生产应用程序一样。

提示：虽然我们具体讨论的是 Git，但可以使用任何源代码管理存储库来实现相同的结果。

GitOps 提供了环境随时间变化的完整历史记录，这使得恢复变得非常简单，只需要运行 git revert 并观察环境自我恢复即可。

GitOps 使软件能够完全从环境中管理部署。为此，软件的环境只需要访问存储库和图像注册表，因此我们不需要授予开发人员直接访问环境的权限。

当我们使用 Git 存储已部署基础架构的完整描述时，团队中的每个人都可以看到它是如何随时间发展的。有了出色的提交消息，任何人都可以轻松地重现更改基础设施的思维过程，并找到如何建立新系统的示例。

GitOps 中的部署过程以代码存储库为中心元素进行组织。这个过程至少有两个存储库，一个用于应用程序，另一个用于环境配置。应用程序存储库包含应用程序的源代码以及用于部署应用程序的部署清单。环境配置存储库包含部署环境当前所需基础结构的所有部署清单，它指定应在部署环境中运行哪些应用程序和基础架构服务，以及使用何种配置和版本。

GitOps 是一种用于管理现代云基础设施的高效工作流模式。尽管 DevOps 社区主要关注 Kubernetes 集群管理，但它正在向非 Kubernetes 系统应用和发布 GitOps 解决方案的方向发展。GitOps 可以通过多种方式使工程团队受益，包括改进通信、可视性、稳定性和系统可靠性。

11.4.1 GitOps 涉及的流程

GitOps 的好处在于个人不需要做任何不同的事情，如果你已经在以代码的形式编写基础架构，并且将代码存储在存储库中，那么你几乎已经实现了 GitOPs。

最困难的事情是从命令式部署方法转变为声明式部署方法。Infrastructure as code 促进了系统管理的声明性方法，这导致了 Ansible、Terraform 和 Kubernetes 等工具的开发，这些工具都使用静态文件来声明配置。

考虑下面的命令语句，这些语句是部署应用程序的步骤。

1. 安装操作系统；

2. 安装依赖项；

3. 从 URL 下载应用程序；

4. 将应用程序移动到目录；

5. 在其他三台服务器上重复此操作三次。

这种声明性的版本很简单，就像四台机器有一个来自相同 URL 的应用程序安装在这个目录下。声明性软件遵循预期状态的声明，而不是命令序列。

完成完整的 GitOps 安装需要一个管道平台，GitOps 的一些流行管道工具包括 Jenkins、Azure DevOps 和 CircleCI。管道自动化 Git pull 请求并将其连接到编排系统，在建立管道并由请求触发之后，命令被发送到业务流程。

因此，GitOps 中涉及的过程与软件开发生命周期中涉及的阶段没有太大区别。这些过程定义了应该如何存储代码、应该使用什么语言、应该审查谁、应该如何构建管道以及在哪里执行这些管道。

为了实现 GitOps，组织可以扩展在 DevOps 中为软件工程所做的工作，并将其应用到基础设施领域。

11.4.2 GitOps 涉及的工具

正如我们在上一节中提到的，开始使用 GitOps 需要两个工具，这些工具是 Git 形式的版本控制工具，也是构建和执行管道的工具。

Git 是 GitOps 管道模型的设计中心，它是系统中所有内容(从代码到配置，以及整个堆栈)的源授权。构建可部署工件需要使用持续集成、构建和测试服务；但是，在 GitOps 管道中，总体交付编排由部署和发布自动化系统协调,该系统由存储库更新触发。总之,交付编排是由持续部署而不是持续集成控制,从软件开发生命周期开始,管道的工作方式发生了微妙的变化,任何持续集成提供商都应该能够采用这种模式。

11.5 总 结

在本章中,我们详细介绍了 XOps 以及可用的各种操作模型,我们详细地研究了 DevSecOps、DataOps 和 GitOps,了解了它们的起源、优点、流程和工具,以及它们与 DevOps 的区别。

在下一章中,我们将总结到目前为止所学的所有知识,回顾一些关键的经验教训,并使用一个组织实现 DevOps 的示例,列出它们面临的挑战,可以采取哪些措施来解决这些挑战,以及最后如何实现这些更改。

11.6 问 题

现在让我们回顾一下我们在本章中学到的一些知识。

1. FinOps 的目标是什么?

    a) 管理云平台中的金融运营。

    b) 制定适当的预算。

    c) 确保对消费负责。

    d) 提高敏捷性。

2. DevOps 和 DataOps 的区别是什么?

    a) DataOps 专注于数据而不是软件。

    b) DataOps 专注于数据库管理。

    c) DataOps 不像 DevOps 那样是一个迭代过程。

    d) 没有区别,两者都是一样的。

第 12 章　在现实组织中实施DevOps

在本章中，我们将利用迄今为止所学的知识，将所有知识付诸实践，并了解如何在现实世界的组织中实现 DevOps。这里我们使用一个虚拟的组织，我们将列出问题，定义他们的目标，然后看看我们如何帮助该组织适应和改变，这首先从 DevOps 转型的道路开始。

到本章结束时，我们将学习如何组合本书中介绍的所有元素，并将它们组合在一起，以实践到 DevOps 的真实转换。

在本章中，我们将介绍以下主题。

- 了解组织迁移到 DevOps 的原因；
- 定义我们虚构的组织；
- 了解 DevOps 转型示例。

12.1　组织为何迁移到 DevOps

在第一章中，我们讨论了 DevOps 的目标，以及 DevOps 的一些价值观和 DevOps 将帮助我们解决的挑战，那么为什么组织会迁移到 DevOps 呢？这是一个我们现在将更详细研究的问题。

根据 2019 年 DORA 针对 DevOps 现状提出的报告，DevOps 中的顶级执行者可以以更少的 bug，更快地交付代码，更快地解决事件。该报告的一些要点包括以下统计数据来支持这一声明。

- 代码部署频率提高了 208 倍；
- 从提交到部署的交付周期缩短了 106 倍；
- 从事故中恢复的时间快了 2 604 倍；
- 变更失败率降低了 7 倍。

采用 DevOps 实践的组织完成了更多工作。通过利用一个由跨职能成员组成的团队,所有成员都在协作中工作,DevOps 组织可以以最大的速度、功能和创新交付产品。

在第 2 章“DevOps 的业务优势、团队拓扑和陷阱”中,我们重点关注 DevOps 的关键业务优势,但是,我们可以将与 DevOps 相关的好处分为三个明确的方面。

- 商业利益；
- 技术效益；
- 文化利益。

当我们谈到商业利益时,指的是使商业运转良好的事情,生产率的提高、产品质量的提高和员工留任率的提高是其中的三个因素。此外,还有一些直接有助于业务成功的因素,如增长、客户满意度和客户体验的改善。

现在让我们来看一下组织可以通过实施 DevOps 获得的一些技术和文化好处。

1. 技术效益

我们列出了与 DevOps 相关的许多技术优势,然而,当组织致力于实现 DevOps 转型时,重要的是不要过多地关注细节,而要努力关注更广泛的好处。这样做的原因是,这些较小的好处虽然对个人团队有益,但对其他团队、部门或组织来说可能不会带来更广泛的好处。

保持这种组织观点将确保个人获得最大程度的认同。整个组织的团队都会感受到他们团队特有的类似好处,但是个人必须确保能够关注到更大的好处。

对我来说,有三个好处是至关重要的,它们与前面考虑全局的设想一致。它们是持续的交付软件、更快地解决问题和更少的复杂性,这也提供了对技术债务进行更积极主动管理的机会。

持续集成、持续部署和交付是 DevOps 的基石,其具有明显的技术优势。正确实施后,它们不仅在应用程序的构建和部署方面为组织提供了明显的好处,而且还提供了一种在开发过程中发现错误做法的方法,以及在开发过程中发现安全问题和威胁的方法。

通过在 DevOps 中采用的实践,组织可以降低环境的复杂性。这种复杂性的降低对组织和单个团队都有吸引力。复杂性的降低可以在很多方面实现,例如工作流程,这意味着组织已经实现了手动任务的自动化。它还意味着从流程中删除不必要的步骤,这以价值流图练习的形式出现,以识别并从操作中删除它们。

最后,随着 DevOps 对应用程序和基础架构监控的改进,还带来了站点可靠性工程,这与软件快速从故障中恢复的能力有关。站点可靠性工程(SRE)是一门将软件工程的各个方面应用于基础设施和操作问题的学科。

团队之间对应用程序和基础架构的共同理解可以支持应用程序开发以及团队设定的目标。

2. 文化效益

在整个章节中,我们大量地讨论了文化对 DevOps 的影响,DevOps 中的文化是团队的纽带。更快乐、更高效的团队,更多的专业发展机会,更高的员工参与度是成功实施 DevOps 所能带来的三大文化好处。

我刚才谈到了 DevOps 带来的团队中的共同责任,这是文化利益的一大驱动力。当团队被投资于分担责任、共同目标和推动愿景时,这就创造了一个文化上健全的工作环境,从而推动更快乐、更高效的团队。

另一个好处是,DevOps 可以培育良好的文化,从而提高员工参与度。DevOps 教会我们“快速失败”和“心态成长”的概念,这两种情况都意味着员工更有可能表达自己的想法，并与对方坦诚相见，因为这些方法的重点不在指责上，重点是让事情变得更好，分享想法以实现共同目标。

最后，当个人把所有这些东西放在一起时，这就可以很自然地扩展团队的技能。每个人为其他人提供了工具和能力来扩展他们的知识和发展他们的事业。拥有真正职业发展机会的组织是新员工寻找的最大目标之一，DevOps 可以帮助组织吸引新员工。

3. 平衡稳定性和新特性

在非 DevOps 环境中，发布新特性和保持稳定性之间经常存在冲突，因为开发团队根据交付给用户的更新数量进行评估，而运营团队则根据系统的总体运行状况进行评估。

在 DevOps 环境中，团队中的每个人都负责提供新特性和稳定性。由于代码在开发结束时不会被交给操作人员，因此共享代码库、持续集成、测试驱动技术和自动化部署等因素的组合会在开发过程的早期暴露出应用程序代码、基础设施或配置方面的问题。

因为早期变更集较小，所以问题往往不那么复杂。DevOps 工程师可以使用系统性能的实时数据快速了解应用程序更改的影响。由于团队成员不必等待其他团队来排除故障并解决问题，因此解决问题的时间将缩短。

4. 提高效率

在一个典型的 IT 环境中，当人们等待其他人和其他机器时，或者反复解决相同的问题时，会产生巨大的浪费。员工更喜欢高效，而翻来覆去的时间会导致沮丧和不快，当人们可以在工作中不满意的方面少花时间，多花时间为组织增值时，每个人都会受益。

DevOps IT 运营模型的关键方面是自动化部署和标准化生产环境，这使得部署具有可预测性，使人们从日常重复性任务中解放出来，去做更多高价值的事情。例如，一家拥有 4 000 多名 IT 员工的大型金融服务公司通过实施 DevOps 节省了 800 多万美元，降低了 MTTR 并消除了遗留工具维护问题。

现在，我们更广泛地研究了组织迁移到 DevOps 的原因。现在让我们定义一个虚构的组织，以查看 DevOps 转换的实现。

12.2 定义虚构的组织

在我们回顾转型之旅之前，首先定义我们正在使用的组织，我想向大家介绍 Travelics。通过与 Travelics 的早期讨论，我们从他们那里了解到了 Travelics 一些具体细节。

- 总部设在欧洲和北美的全球组织；
- 拥有约 4 000 名员工；
- 为航空业生产两种产品，一种侧重于行李跟踪，另一种侧重于运营跟踪；
- 这两种产品都有大约 15 名开发人员组成的团队；
- 运营是一个共享实体，是核心 IT 的一部分。

现在，我们已经建立了一些关于 Travelics 的基础知识，那么让我们开始学习关于 Travelics 的更多细节以及它们试图实现的目标。

1. 当前运营模式

Travelics 当前的运营模式是客户向软件工程团队提出功能要求。这样做的过程是通过与客户经理的接触，以及团队中工程师的行业经验，所有请求都集中管理并分发给负责该功能的团队。

运营团队是一个共享实体，是核心 IT 团队的一部分。他们依靠开发团队的文档来解决应用程序的故障。该应用程序目前正在经历一个转型，从部署在虚拟机上的单一应用程序转变为云上的应用程序，并将依赖微服务和多租户软件作为服务模型。

目前，为每个新客户机部署虚拟机，如果客户同时购买这两个软件包，它们将位于不同的实例上。

2. 当前模型中存在的挑战

目前的工作方式给 Travelics 带来了许多问题。最大的问题是，他们在交付应用程序的方式上不够敏捷，一年只发布两次，这通常会导致在解决问题时应用程序的部署和回滚失败，这种中断通常可能在 4 小时左右。

另一个问题是代码的质量。开发人员的技能很高，但普遍缺乏对彼此工作的审查和监督。这导致了 bug，工程团队有大量需要解决的技术债务。

可扩展性和云本地方法的缺乏也是一个限制因素。这带来了严重的运营挑战，并产生了针对不同客户的不同配置方法，并非所有客户的应用程序版本都是一致的，一些客户还部署了不受支持的版本，因为他们不愿意让公司在停机的情况下对其进行升级。

整个工程组织对 DevOps 的理解各不相同，在工程之外，可能没有多少员工理解 DevOps。一小部分人理解 DevOps 是什么，但对于转向另一种模式，人们普遍犹豫不决。

3. 未来的目标

变革的一个驱动因素是引入一个提供类似服务的新组织。这种干扰会更小，但能够快速提供新功能，并完全运行“软件即服务”的解决方案。Travelics 已经失去了三个大客户，他们相信，通过改变，他们可以解决这些问题并再次成功。

Travelics 的 DevOps 转型目标如下所列。

- 产品开发的清晰愿景；
- 灵活性，允许团队独立工作，但分享实践；
- 专注于更快的发布和更高的质量；
- 提高客户满意度；
- 更快地实现新功能；
- 减少故障数量；

• 转向能够扩展到更现代化的平台。

总之，Travelics 的 DevOps 转型需要从上到下审视组织，这包括团队的结构以及运作方式。这些变化对 Travelics 的工作方式至关重要，如果成功，将对其运营方式产生重大影响。

现在，让我们开始 Travelics 的 DevOps 转型之旅。

12.3 DevOps 转型演练

现在，我们了解了 Travelics 组织的概况，以及他们的现状、抱负和未来目标。我们可以开始与他们接触，让他们的目标成为现实。

成功转型有许多步骤，这是一个漫长的过程。大型企业转型所涉及的复杂性需要其最高级别领导人的参与，以使转型成功并实施所需的变革。转型采取的步骤如下所列。

1. 开展初步研讨；
2. 建立 DevOps 卓越中心；
3. 建立转型的治理机制；
4. 建立引入过程；
5. 确定并启动试点；
6. 评估现有能力；
7. 执行转换练习；
8. 扩大 DevOps 转型的规模。

现在，让我们更详细地了解这些步骤，并讨论我们需要对 Travelics 进行哪些操作才能实现其目标。

1. 开展初步研讨

参与者必须包括构成解决方案交付金字塔中的所有人员（图 12.1）。除了运营、安全和开发之外，还需要领导者的参与。我始终建议这一步骤中的研讨会由经验丰富的外部顾问或教练领导。这里的关键是获得管理层的支持,确立共同目标,并理解 DevOps 项目将涉及的内容:

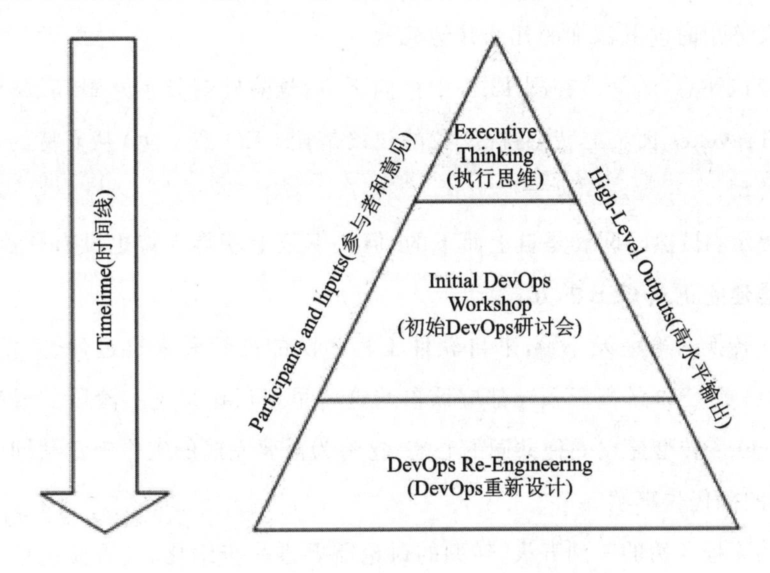

图 12.1 初始规划的输入和输出

对于 Travelics 来说,初始规划非常重要。还记得我们说过,除了少数人之外,许多人不了解 DevOps,随之而来的是,他们对于采用新的工作方式就会犹豫不决。

通常,一些小型 DevOps 程序存在于壁垒中,缺乏扩展到企业级的成熟度。设计思维是一种很好的方法,因为它利用了所有利益相关者的专业知识,使他们能够达成共识,并建立必要的认同。

现在,我们将了解构建 DevOps 卓越中心所需的要素,这是采用 DevOps 的关键一步。

2. 建立 DevOps 卓越中心

如果没有适当的组织级别和企业权限,创建卓越中心(CoE)是不够的。它必须由一位拥有金字塔中所有参与者支持和认可的商业领袖来领导。交付金字塔的所有参与者和供应商组织的代表都是 CoE 的积极参与者,但组织必须谨慎选择这些参与者。

在图 12.1 中的基础上，我们现在可以定义所需的利益相关者和更严格地定义输出时向其添加的几个其他元素。

应该注意，时间线在图 12.1 中指向下方，这意味着转型从最高层开始。对于 Travelics 面临的转型挑战，我的建议是让 CEO 或 COO 从支持的角度负责转型。

提示：虽然时间表是自上而下的，但从下至上获得支持也没有什么错，这只是建立正式 CoE 的方式。

从转换的第一天开始，来自软件工程团队的高管和来自运营、开发、甚至 CTO 或 CIO 的高级领导都应该参与这些早期讨论。这一阶段的成果是为 DevOps 转型建立一种共同的心态，这将为需要完成的工作确定共同的目标、目的和优先事项。

在流程开始的三到五天，转型的讨论需要进一步细化，这需要包括来自以下领域的代表。

- 应用程序所有者；
- 企业架构；
- 解决方案架构师；
- 开发主管；
- 运营领导。

在接下来的两周内，Travelics 将举办研讨会，对软件开发生命周期进行价值流映射。其目的是进一步详细了解组织的当前状态、发展状态、详细的交付过程以及当前归因于绩效的任何关键绩效指标。

在这一阶段，这些研讨会还希望从影响的角度扩展出需要优先考虑的领域。鉴于对 Travelics 的需求，你认为哪一个是他们的优先领域？

提示：Travelics 正在失去客户，并因质量问题而遇到发展问题，这意味着需要立即改进的领域是客户满意度和发布质量。

最后，在初始规划过程开始的20天左右时，与之前一样的一群人需要回到桌子旁，深入探讨工程部门如何看待此过程所产生的结果。

考虑到我们对 Travelics 及其高水平目标和抱负的了解，这将推动这些研讨会向前发展，并帮助提供制定 Travelics 的计划和方向所需的细节。

规划研讨会的预期成果将为 DevOps 生成未来的状态映射和参考体系结构。在这一点上，我们至少应该有一份实施路线图草案，其中包含了高级别目标。在这一阶段，有一点是明确的，即当前的团队结构不符合目的，也不符合 Travelics 的目标。因此，输出还包括团队未来的结构，以及定义任何角色和责任。本节的最后一部分包括创建推进转型的商业案例，以及提案内容的执行摘要。

我强烈建议 CoE 的初始阶段由一位有经验的外部合作伙伴领导，然后随着时间的推移进行过渡。初始阶段有助于巩固 CoE 的愿景和战略，以及建立支持这些愿景和战略的最佳实践。通常，从业务合作伙伴过渡到内部利益相关者需要12～24个月的时间。

3. 建立转型的治理机制

这是改变组织文化最重要的一步。由于敏捷和 DevOps，从业者的角色和职责将发生变化。要想成功，他们需要意识、支持和授权，为了打破这些组织壁垒，他们必须了解历史上存在敌意的组织之间的合作。KPI 必须从单个指标转向总体客户业务成果。

建立治理机制并不像听起来那么难，组织的项目治理包括三个主要方面：沟通计划、支持计划和已建立的 KPI。

沟通计划包括经常宣传组织的计划目标、里程碑和成功。从支持的角度来看，这需要组织的业务领导者了解敏捷的基本原理，以便他们理解关键要素。支持还包括开始对这些团队进行平台和工具链培训，以及对 DevOps 方法进行更深入的培训，如持续集成、持续部署、持续测试、持续反馈和改进。

最后，KPI 必须来自可靠的关键指标、良好的衡量战略、频繁而详细的报告以及转型的里程碑数据。

4. 建立引入机制

程序上的第一次 Sprint 为其余的 Sprint 设定了基调。与其说是工具和流程的问题，不如说是工具和流程的适当规模问题。加速器、工具链和开发方法的选择必须符合转型的目的。机制一旦建立，引入过程必须在整个组织内进行沟通。收集反馈，使其不断发展和成熟。

可重用资产是有效吸收流程的关键。体系结构模式、自动化脚本、操作手册和基础设施资产都是关键资产，可以一次性定义，并在多个不同场景中重用。

Sprint 的成功取决于最佳实践。这些最佳实践有助于加强方法的一致性，并有助于提供可重复的结果，这点不仅适用于试点团队，也适用于扩大转型规模的正式情况。确保组织已经定义了基于集群的开发模式实践、源代码控制的分支和合并策略，以及围绕测试驱动开发的测试自动化模式和流程以及持续集成，这些都是此阶段成功的关键。

5. 确定并启动试点

当应用于特定的应用程序组合或域解决方案时，此步骤最有可能成功。在本次研讨会之前，我强烈建议召开一些工作会议，以确定一个代表可扩展到企业的投资组合的工作领域。

此步骤的目标是针对特定应用程序，与所有金字塔中参与者进行价值流映射练习。这项工作必须足够详细，以确定当前端到端的流程、工具、手动和自动流程，以及所涉及的技能和人员。

CoE 的主题专家(SME)与项目团队的合作是项目接收过程的下一步。目标是为“未来”流程提供建议，包括必要的工具、可重用的资产、自动化以及来自运营、安全和其他相关领域的 SME。应用程序 Scrum 团队将由这些 SME 组成。当应用程序经历其开发/测试周期时，将捕获程序的已识别

KPI。这是与现有 KPI 进行比较时需要的。

6. 评估现有能力

了解组织中存在的 DevOps 能力非常重要。这些能力中的一些可能比其认识到的更成熟，组织能够采用一些已经存在的良好实践，并将其用于其转型的其他部分。

7. 执行转型练习

回顾我们的 Travelics 示例，执行推进转型所需的行动任务显然取决于规划研讨会的成果，现在让我们看看我们要做的一些任务，以帮助他们实现 DevOps 转换。

8. 扩大 DevOps 转型的规模

这一步是倒数第二步，是从试点指标中获取反馈，并通过从各种应用程序组合中运行多个发布序列来扩展这些指标。仅仅执行日常构建和自动化部署是不够的，持续的反馈和优化是 DevOps 难题的最后部分。

注意，我提到这是倒数第二步。事实上，组织的 DevOps 转型永远不应该完成，仅仅因为组织已经确定好了转型，并不意味着其就已经完成了。这是一个利用从试点小组中学到的知识并向赞助商、产品所有者和利益相关者提供反馈的机会。

12.4 评估现有能力

了解组织中存在的 DevOps 能力非常重要，这些能力中的一些可能比其意识到的更成熟，组织能够采用一些已经存在的良好实践，并将其用于转型的其他部分。

这些评估可以通过多种方式完成，但它必须是可重复的，因为组织需要在整个转换过程中多次使用这些评估，以便检查转型的进度，并在需要时重新调整。评估要求广泛而详细。

随着时间的推移，我们的目标应该是与团队一起进行评估，让他们使用一套标准为每个问题打分，并在团队中讨论分数，以商定改进措施。

我发现最好的评估之一是来自工程 DevOps 创始人马克·霍恩比克(Marc Hornbeek)的评估，此评估内容全面，可免费使用。它详细介绍了 DevOps 业务的 9 大支柱，如下所列。

- 协作文化实践；
- 持续安全实践；
- 持续监测实践；
- DevOps 设计实践；
- 持续交付实践；
- 弹性基础设施实践；
- 持续测试实践；
- 持续集成实践；
- 协作领导实践。

这些综合性问题提供了一个全面的性能视图。通过使用相同的评估，组织可以清楚地看到绩效随着时间的推移而不断提高，并且可以回顾一些情况，以便随着实践的推移进行跟踪，如图 12.2 所示。

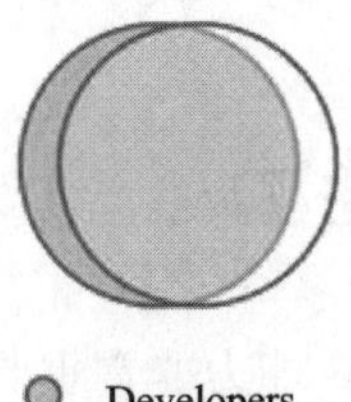

图 12.2　成熟度评估的输出示例

从图 12.2 中可以看到，输出为我们提供了一个全面的预览。每个问题都可以设置该问题对所在组织的重要性，并评估组织当前的分数，组中的顶部栏表示组织在该领域的成熟度得分，如图 12.3 所示。

DevOps Practices GAP Summary	(I) Importance	(P) Practice Level	(G) GAP	RANK	# Practices	Comments
Leadership practices (Lead)	5.0	3.2	8.3	1	5	
Collaborative Culture practices (CC)	2.7	2.7	4.2	6	7	
Design For DevOps (DFD)	3.5	3.3	3.5	7	9	
Continuous Integration practices (CI)	3.8	3.3	2.0	8	6	
Continuous Testing practices (CT)	3.1	4.1	6.0	5	9	
Continuous Monitoring practices (CM)	1.5	2.8	2.0	8	7	
Elastric Infrastructure practices (EI)	2.9	3.0	7.0	3	9	
Continuous Delivery / Deployment practices	3.2	2.7	7.2	2	7	
Continuous Security practices (CS)	3.3	3.0	6.3	4	8	
Overall Assessment (Average)	3.2	3.1	5.2		67	
	Importance	Practice Level	GAP		Total	

图 12.3　成熟度评估得分

输出还提供了每个支柱的成熟度视图。通过计算当前分数的重要性级别，组织可以了解优先领域，并且这意味着最低分数将成为最先改进的领域。

我们还应该定期进行更详细的评估，这一变化在某些其他重点领域提出了不同的问题和挑战，更详细的评估应着眼于以下方面：

- DevOps 培训实践；
- DevOps 治理实践；
- DevOps 价值流管理实践；
- DevOps 应用程序性能监控实践；
- DevOps SRE 实践；
- DevOps 服务目录实践；
- DevOps 应用程序发布自动化实践；
- DevOps 多云实践；
- DevOps 基础设施作为代码实践；
- DevOps 混合云实践；
- DevOps 版本管理实践。

这一详细的评估需要一定的时间来完成。在与团队一起运行时，需要留出一个上午来讨论，并留出休息时间来让大家保持新鲜。

与 9 大支柱产出类似，详细评估的产出在提供记录成熟度的样本图表和重点关注领域的概述方面是相同的，如图 12.4 所示。

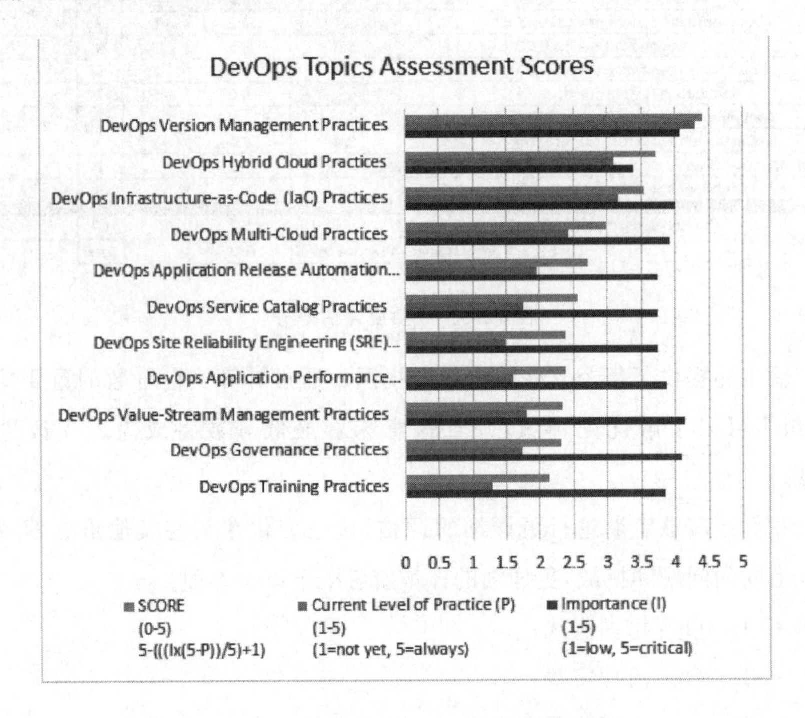

图 12.4　成熟度评估的详细示例输出

特定角色的其他评估也可在 Engineering DevOps 网站上获得。这些都是非常有用的资源，可以帮助组织实现转型和改进。

12.5　执行转型练习

执行转型所需的行动任务显然取决于规划研讨会的成果。回顾我们的 Travelics 示例，现在让我们看看将要做的一些任务，以帮助他们实现

DevOps 转换。

- 巧克力、乐高和 Scrum 游戏；
- 敏捷入门；
- 向敏捷工作转变；
- 重组团队结构；
- 关注流程改进；
- 实施 DevOps 实践；
- 进入反馈循环。

现在，让我们具体看看这些方面，看看我们将如何帮助 Travelics 实现其目标。

12.5.1 巧克力、乐高和 Scrum 游戏

最初的研讨会提供了一个机会，以让 DevOps 获得更广泛的受众，并赢得与其合作的人的信任。考虑使用模拟车间，而不是通过幻灯片运行来提升 DevOps 的收益。

为了做到这一点，我会考虑 Dana Pylayeva 的巧克力、乐高和 Scrum 游戏。模拟游戏让参与者有机会听到他们面临的现实世界的斗争，然后通过模拟场景移除这些阻碍，以便他们可以看到移除它们后的结果。

根据我的经验，这是一个强大的练习，比简单幻灯片更有用。游戏的过程是让人们分组坐着，然后使用一套角色卡来确定具体的活动，人们可以进行“Sprint”的限时练习。

这个练习的目的是在市场上出售乐高动物，并尽可能多地生产符合规定要求的乐高动物。随着每一次 Sprint 的开始，角色会发生变化，拦截器会被移除，从而交付更多产品的机会。

12.5.2 敏 捷

在本课程中，我们针对 Travelics 内部的运营团队，直接向那些通常更倾向于反对敏捷的人发出呼吁。根据我的经验，开发团队更容易适应敏捷工作，因为这些原则源于软件工程，但这并不意味着其不能与运营团队合作。

运营团队不能以敏捷的方式运作，这是一个常见的误解，以我的观点和经验，这根本不是事实。我将很快地解释为什么，以及如何解决那些致力于敏捷方法的运营团队存在的一些常见问题。我们先问三个简单的问题。

- 为什么值得这么做？
- 有多困难？
- 什么是敏捷？

然后给每位与会者大约 5 分钟的时间写下答案，并将其放在适当的标题下；然后，我们开始与团队讨论，讨论他们写下的笔记，并尝试进行开放式对话。在适当的情况下，任何参与研讨会的人都可以利用这一领域的经验提供支持或反驳的例子。

如果可能的话，邀请一个已经在进行敏捷转换或者已经实践了我们所强调的 DevOps 特点的团队中的人，最好邀请团队信任的人；在这个阶段，他们会比你更重视自己的意见。幸运的是，Travelics 有人符合此要求。开发完成后，他们很难结束工作，他们工作的一个要素是基于事实的，出于这个原因，我们的 CoE 要求其他团队的人加入讨论。

这项工作之所以成功，有几个原因，主要是因为我们正在交付研讨会的团队中有另一个团队的人正在经历这一转变，并且能够证明我们所说的话。大多数情况下，这个人可以证明这个过程是有效的，值得付出的不仅仅是口头上的支持。

12.5.3 向敏捷工作转变

改造团队的计划分为三个步骤。每个步骤都很小，但它们一起构成了整个计划。

1. 介绍每日站立会议；

2. 介绍 Scrumban；

3. 介绍计划、冲刺和回顾。

在 Travelics 的初始研讨会上，我们举办了团队首次站立会议。“每日站立”的概念旨在回答三个问题。

- 我昨天做了什么?
- 我今天要做什么?
- 什么问题阻碍了我?

在体育运动中，围拢是一种策略，是在整个比赛过程中让每个人都了解情况并保持联系。对于技术团队来说，站立是一个集合，它旨在强化“我们是一个团队”的文化和心态。

向团队强调问题通常会得到团队中其他人的帮助，但是个人的站立时间不得超过 15 分钟，不要谈论个人一天工作中的细节。保持高水平、保持相关性、突出问题，但不要详细讨论。

第二天，CoE 团队的人参加了该团队举办的第二次每日站立会议。他们前一天才开始，大约花了五分钟才完成。每个人都采用简单的方式，强调他们在做什么和正在做什么。阻碍仅在高层进行讨论，并同意将对话转移到离线状态。因此，从一周前的第一次会议来看，在不到 30 分钟的会议时间内，这个团队已经开始比以前更加有效率了。

到目前为止，我们已经对这项工作有了一点了解，敏捷最重要的方面之一就是引入回顾。事实上,大多数团队,不管他们的敏捷工作状态如何,都已经进行了某种回顾,这通常是团队会议。回顾只是将注意力集中在最后一次 Spring 上。根据 Scrum master 正在运行的回顾类型,我们会问不同的问题。我们可以运行多种不同类型的 Retro,如 4LS、speedcar、starfish 和其他。

4LS 回顾包括要求参与者将卡片加在四个标题下:喜欢、学习、缺乏和渴望,这要求团队讨论并强调积极和消极因素。与下面的例子类似,speedcar 强调了使团队行动更快的事情和使团队行动缓慢的事情。Starfish 与 4LS 一样,要求团队关注其应该少做或多做什么,或者开始、停止或继续做什么。原则是围绕团队,从团队中的不同实践中获得的价值进行思考。Starfish 是工作在连续反馈循环中的重要回顾。

在第一次回顾中,CoE 团队决定运行其中一个最基本的回顾。在本例中,我们画一艘帆船,添加一个锚,并要求团队在帆附近放置使团队更快的东西,以及在锚附近拖拽团队的东西,如图 12.5 所示。

图 12.5 展示帆船回顾概念

这个练习非常简单,团队的反馈是他们喜欢每天的站立会议,他们还喜欢了解团队中其他人在做什么,以及看板式的工作方式,这可以直观地突出当前工作的位置。

对于团队来说,不起作用的是额外的会议时间,以及有时站立时间过长、价值可能没有他们预期的那么高的感觉。

提示:虽然我们在敏捷中非常注重统计数据,但教会人们所需的技能和工作方法,并看到改进,而不需要过分关注统计数据也可以进步。

这听起来很粗糙,但当从根本上改变组织的运作方式时,宣传是很重要的。需要考虑把海报放在办公室周围,并在通讯频道上张贴。组织可以使用 Dandy People 提供的免费海报作为工具来帮助发送消息。

12.5.4 重组团队结构

通过我们与 Travelics 的讨论以及我们对其目标的理解,他们目前的团队结构将不起作用。因为其中一个根本性的变化是从项目视图转向面向产品的视图。

产品视图使我们能够引入产品管理角色,以帮助管理和确定反馈的优先级,并帮助我们使用市场情报来推动团队就什么是优先事项而不是其他事项做出决策。

其次是希望通过协作使人们更紧密地团结在一起,并有能力扩展这些团队。Travelics 应对这一挑战的一个合适方法是使用 Spotify 模型。该模型介绍了诸如团队、部落、分会和行会等术语的使用,如图 12.6 所示。

1. 团　队

用外行的话说,团队就是一群开发人员。在许多方面,一个设计团队与 Scrum 团队相似,因为它的目的是让人感觉其像一个小的初创企业。这些团队通常坐在一起,拥有从设计、开发、测试、发布到生产的所有必要技能和

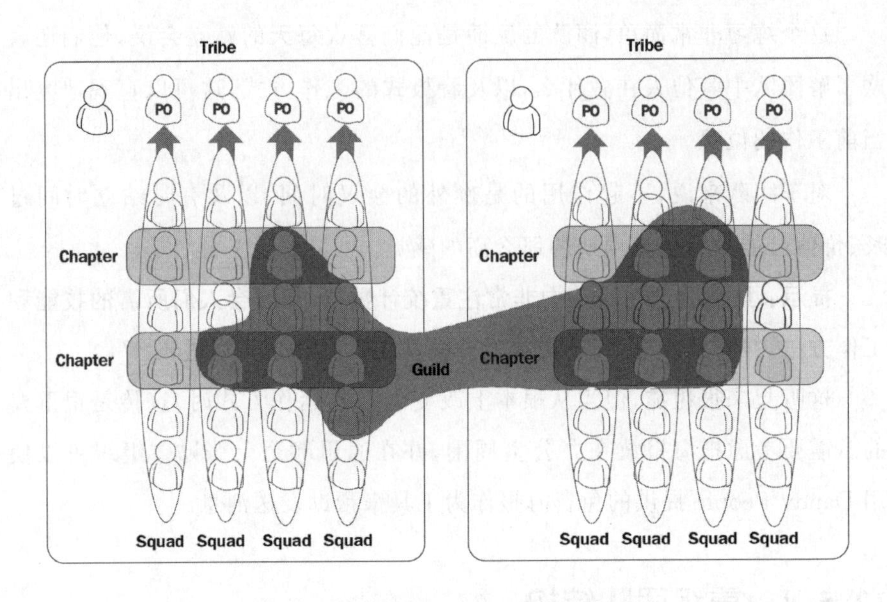

图 12.6 Spotify 敏捷扩展模型示意图

工具。团队将决定他们想要如何工作，这意味着一些团队将使用 Scrum Sprint，其他团队将使用看板，还有一些团队将使用称为 Scrumban 的组合工具。

每个团队都有一个特定的目标，比如开发应用程序的特定功能、管理公共网站、编写移动应用程序或者其他。不同的团队甚至可以负责用户体验的不同方面。

团队也被鼓励使用最小可行产品（MVP）等原则，这意味着快速和频繁发布。我记得我读到的关于这个话题的第一篇文章中的一段话，作者是 Arthur Von Kriegenbergh，它使用了“思考它、构建它、发布它、调整它”的口号。由于每个小组在如此长的一段时间内专注于一项任务和产品的一个组成部分，他们都会发展成为关键专家。

2. 部　落

部落是团队的集合，这些部落都是处理产品相关部分的团队。例如，在

Spotify 的案例中，我们所有的团队都可以在一个部落中使用桌面应用程序、桌面 UI 或其他东西。每个部落也有一个部落首领，负责确保部落拥有小队所需的一切。如果可能的话，一个部落中的所有小队最好都坐在同一个物理位置。

听说过邓巴号码吗？在理想世界中，部落的规模应该根据这一理论确定。根据这一点，大多数人无法与超过 100 人维持社会关系。当集团规模超过这个数字时，限制性规则、政治和额外的管理层会增加官僚作风和其他低效因素，因此，部落成员应为少于 100 人。

经济损失是与可扩展性和高度自治相关的挑战之一。例如，一个团队中的开发人员可能正在处理一个问题，而该问题是由另一个团队中的开发人员在前一周解决的，这正是各分会和协会要解决的问题。

3. 分　会

分会和协会一样，是维系公司的粘合剂。公司也可能被分成许多小公司。分会和行会允许组织在不放弃太多自治权的情况下从规模经济中获益。

因此，一个分会是指在同一地区或同一部落工作的具有类似技能的一小群人。这意味着开发人员、测试人员、安全专业人员和任何其他角色都可以从同样在同一个团队中工作的、具有类似技能的其他人那里受益，这意味着在一个分会中，你在你的领域内拥有深厚的专业知识，可以分享技能，并借鉴其他领域人的经验。

4. 协　会

协会更类似于社区组织，是一群想要分享他们的知识、工具、代码和实践的人。行会分布在整个组织中，而分会则分布在部落中。你可以在你的组织中拥有你想要的任意多的行会，例如，考虑以下内容。

- 测试协会；
- 云技术协会；

- Scrum 协会；
- 敏捷指导协会。

这听起来不就是一个矩阵式的组织吗？是的，但不是我们习惯的方式。具有类似技能的人员通常被分成职能团队，然后分配到项目中，向该团队的经理汇报，经理向该领域的高级领导汇报。我们在这里创建和工作的矩阵是面向交付的。

考虑两个维度，水平维度是共享知识、工具和代码，垂直维度是共享代码；垂直维度是最重要的，它是人们协作和组织创造伟大产品的地方，这描述了人们的身体安排以及他们大部分时间在哪里度过。组织需要考虑垂直维度是什么和水平维度是怎样的。矩阵结构确保每个小组成员都能获得关于下一步建设什么以及如何建设好的指导。

12.5.5 实施 DevOps 实践

Travelics 现在关注的焦点是在得到正确指标支持的同时获得正确的实践。利用我们在本章中所学到的知识，我们可以制定衡量标准。

关于我们在第 3 章中讨论的衡量 DevOps 成功与否的指标中，集中讨论了很多。还记得我们从 Travelics 的目标中学到了什么吗，简单地说，他们希望提高质量、提高速度、降低故障率或提高稳定性。

我们讨论的所有指标都属于这三类。以下是我们可以提出的一些指标，以帮助 Travelics 在开始实施 DevOps 实践时开始衡量其未来绩效：

- 交付周期。Travelics 希望缩短上市时间，此指标帮助他们了解从开始到完成待办事项所需的时间。这个指标的目标是 60 天，随着时间的推移，这应该随着成熟度的增加而减少。
- 部署失败率。还记得客户对过时软件和新版本导致停机的投诉吗？好的，这个指标将有助于直接跟踪这个问题，在时间上，集中精力在管道、代码质量和更多增量发布上会有所帮助。我们对这一指标的目标是 1%。

- 单元测试覆盖率。改进测试是提高质量的好方法，在围绕测试覆盖率和测试通过率是提高质量的关键。我们对这一指标的目标是 95%。
- 缺陷老化。Travelics 还存在技术债务高的问题。围绕缺陷年龄制定一个指标，以及引入技术 Sprint 来解决技术债务都是降低该数字的关键。我们的目标是 7 天。
- 平均恢复时间（MTTR）。为了解决停机问题，MTTR 将特别强调恢复时间并改进恢复时间。它还有助于提高团队内部的自动化恢复水平，并有助于关注导致进一步停机的因素。
- 每次部署的事件数。帮助 Travelics 的最后一个指标是查看每次部署产生的支持事件数。这有助于根据发布策略跟踪客户的满意度，并有助于确定可以进行的进一步改进。

这也是组织引入工具以帮助确定流程自动化的阶段。当组织有一个度量基准时，引入工具可以帮助其进一步确定可以改进的领域。

12.5.6 反馈循环

最后，在这一点上，组织建立的持续改进和反馈循环应该更加严格，并努力发展转型团队创建的内容，使组织走上更加广阔的成功之路。

在转型过程中，我们了解了大量有关组织、使用的流程以及其中人员的信息。所有这些经验对于 DevOps 的持续投资和 Travelics 持续成功的反馈至关重要。

12.6 总 结

在本章中，我们总结了从本书中学习到的关键知识，并介绍了一家虚构公司的具体实施指南。这一建议有助于推动该公司朝着正确的方向发展。经过 18 个月的时间，该公司达到了一致的指标目标，并希望进一步改进 CoE 在组织内的发展。

随着本章和本书的结束，我想感谢你与我一起踏上 DevOps 转型之旅。我希望你已经发现这本书内容丰富，能够将我们共同学到的东西带到你的组织中，并推动变革。